国家社科基金重大项目
"自然语言信息处理的逻辑语义学研究"
(10&ZD073)阶段性成果

中国社会科学院创新工程学术出版资助项目

范畴类型逻辑及其在汉语反身代词回指照应中的应用

贾青 著

Categorical Type Logic and Anaphora of Chinese Reflexives

中国社会科学出版社

图书在版编目(CIP)数据

范畴类型逻辑及其在汉语反身代词回指照应中的应用/贾青著.
—北京：中国社会科学出版社，2015.3
ISBN 978 - 7 - 5161 - 5952 - 1

Ⅰ.①范…　Ⅱ.①贾…　Ⅲ.①范畴—研究②汉语—代词—研究
Ⅳ.①B812.21②H146.2

中国版本图书馆CIP数据核字(2015)第075083号

出 版 人　赵剑英
责任编辑　田　文
特约编辑　陈　琳
责任校对　张爱华
责任印制　王　超

出　　　版　中国社会科学出版社
社　　　址　北京鼓楼西大街甲158号
邮　　　编　100720
网　　　址　http://www.csspw.cn
发 行 部　010 - 84083685
门 市 部　010 - 84029450
经　　　销　新华书店及其他书店

印刷装订　北京金瀑印刷有限责任公司
版　　　次　2015年3月第1版
印　　　次　2015年3月第1次印刷

开　　　本　710×1000　1/16
印　　　张　12
插　　　页　2
字　　　数　208千字
定　　　价　45.00元

引　言

　　范畴类型逻辑是当代自然语言逻辑中的一个重要分支，其使用逻辑学甚至数学中的方法为自然语言问题的解决提供了一条形式化的解决路径。当下范畴类型逻辑中主要有传统的范畴类型逻辑、多模态的范畴类型逻辑、对称范畴语法三个分支，其中传统的范畴类型逻辑是在不结合的兰贝克演算的基础上通过添加算子或者结构假设的方式而获得的一个范畴类型逻辑分支；多模态的范畴类型逻辑是通过算子加标的方式将具有不同结构假设的范畴类型逻辑系统混合到同一个系统中后得到的范畴类型逻辑；对称范畴语法是通过将兰贝克演算中已有算子（$\otimes$，$/$，$\backslash$）的对偶算子（$\oplus$，$\oslash$，$\obslash$）引入到系统中去之后得到的范畴类型逻辑。

　　对于这三个范畴类型逻辑分支的特点、表达力等问题已有逻辑学者加以论述，但是却很难找到通过语言学实例来说明三者之间区别和联系的论文或者著作。因此，本书将从汉语反身代词回指照应问题出发，以具体的语言学问题为基础，通过构造三类不同范畴类型逻辑对这一问题的解决方案，说明三者之间的区别和联系，特别是在处理语言学问题上的优缺点。

　　汉语反身代词的回指照应问题是语言学中一个很重要的研究对象。在梳理语言学界已有研究成果以及现存研究问题的基础上，我们尝试从范畴类型逻辑的角度，使用不同类型的范畴类型逻辑系统讨论汉语反身代词回指照应中的一些问题。

　　从语言学的角度看，汉语反身代词回指照应中所涉及的问题主要有如下几个：

　　[1]长距离约束的问题、主语倾向性的问题以及语句中先行语缺失的问题；

　　[2]先行语后置的问题；

　　[3]次统领问题；

［4］先行语多于一个的问题；

［5］反身代词泛代词化的问题；

［6］反身代词回指照应与量化短语辖域歧义或不连续现象相关的问题。

针对［1］，贾戈尔（G. Jäger，2005）的研究中已使用其带受限缩并规则的兰贝克演算，即 LLC 进行了较好的处理，而我们将分别从传统的范畴类型逻辑、多模态的范畴类型逻辑以及对称范畴语法的角度分别解决余下的 5 个问题。

其中，针对［2］和［3］，我们构建了传统范畴类型逻辑系统（Bi）LLC 加以处理。

对于［4］，我们将其细分为（i）先行语多于一个且先行语被合取联结词连接的情况以及（ii）先行语多于一个且先行语被析取联结词连接的情况两种。在此基础上，问题［4］-（i）和［5］将在多模态的范畴类型逻辑系统 MMLLC 中被解决。

针对问题［4］-（ii）和［6］，我们将在对称范畴语法的框架下，构建系统 LG_{dis} 加以处理。

除上述内容外，本书还将说明两个问题：

第一，以汉语反身代词回指照应问题在语言学上的特征为基础，阐释传统的范畴类型逻辑、多模态的范畴类型逻辑以及对称范畴语法这三类范畴类型逻辑各自的特点以及在解决与反身代词回指照应相关的不同问题上各自所具有的不可替代性。

第二，本书中，除范畴类型逻辑外，利用其他一些逻辑分支处理语言学问题的代表性成果也将会被列出，以展示范畴类型逻辑与这些逻辑分支在处理语言学问题上的不同特点。

目 录

第1章 背景知识 ··· (1)

1.1 范畴类型逻辑的生成能力与乔姆斯基层级 ············· (1)

1.1.1 不同的范畴类型逻辑系统 ························· (2)

1.1.2 乔姆斯基层级 ································· (6)

1.1.3 不同范畴类型逻辑系统的生成能力 ············· (9)

1.2 汉语反身代词回指照应的主要特点及其成因 ········· (11)

1.2.1 乔姆斯基的约束原则 ························· (11)

1.2.2 汉语反身代词回指照应对于约束原则的违反 ····· (13)

1.2.3 约束反身代词回指的那些序列关系 ············· (16)

1.3 主要内容和章节分布 ····························· (20)

1.3.1 主要内容 ································· (20)

1.3.2 章节分布 ································· (21)

第2章 传统范畴类型逻辑及 LLC 系统 ··················· (22)

2.1 结合的兰贝克演算 L ····························· (22)

2.1.1 L 的公理表示 ······························· (22)

2.1.2 L 的树模式表示与自然推演表示 ··············· (26)

2.1.3 L 的 Gentzen 表示 ························· (29)

2.1.4 L 的四种表示的等价性 ····················· (34)

2.2 带受限缩并规则的兰贝克演算 ····················· (37)

2.2.1 结构的层级以及其对回指照应问题的影响 ······· (37)

2.2.2 LLC 的公理表示 ··························· (38)

2.2.3 LLC 的树模式表示和自然推演表示 ············· (43)

2.2.4 LLC 的 Gentzen 表示 ······················· (45)

　　2.2.5　LLC 四种表示之间的等价性 ·························· (47)

　　2.2.6　LLC 在语言学中的应用以及其他方案 ·················· (49)

第 3 章　前后搜索的(Bi)LLC 系统 ·························· (55)

　3.1　语言学背景 ····································· (55)

　3.2　(Bi)LLC 的公理表示 ······························ (58)

　3.3　(Bi)LLC 的树模式表示和自然推演表示 ················· (64)

　3.4　(Bi)LLC 的 Gentzen 表示 ························· (72)

　3.5　(Bi)LLC 四种表示的等价性 ······················· (77)

　3.6　语言学中的应用 ·································· (80)

第 4 章　多模态范畴类型逻辑与 MMLLC 系统 ·················· (84)

　4.1　多模态的范畴类型逻辑 ···························· (85)

　　4.1.1　多模态范畴类型逻辑公理表示中的特点 ·············· (85)

　　4.1.2　多模态范畴类型逻辑 Gentzen 表示中的特点 ·········· (87)

　4.2　多模态范畴类型逻辑系统 MMLLC 的公理表示 ·············· (89)

　　4.2.1　语言学背景 ······························· (89)

　　4.2.2　MMLLC 的公理表示 ························· (94)

　4.3　多模态范畴类型逻辑系统 MMLLC 的 Gentzen 表示 ········· (98)

　4.4　MMLLC 在语言学中一些问题上的应用 ················ (100)

第 5 章　对称范畴语法 ································· (106)

　5.1　对称范畴语法的公理表示 ························· (106)

　　5.1.1　对称范畴语法公理表示中的语法特点 ·············· (106)

　　5.1.2　对称范畴语法公理表示中的语义特点 ·············· (112)

　5.2　对称范畴语法的 Gentzen 表示 ···················· (118)

　　5.2.1　对称范畴语法 Gentzen 表示中的语法特点 ·········· (118)

　　5.2.2　对称范畴语法 Gentzen 表示中的语义特点 ·········· (124)

第 6 章　对称范畴系统 LG$_{dis}$ ························· (133)

　6.1　语言学背景 ···································· (133)

　6.2　对称范畴系统 LG$_{dis}$ 的公理表示 ················· (135)

6.3　语言学中的应用 ……………………………………… (138)

第7章　对比与展望 ……………………………………… (141)
7.1　不同方案的对比 ……………………………………… (141)
7.2　未来的工作 …………………………………………… (143)

第8章　其他逻辑分支对语言学问题的处理 ……………… (145)
8.1　一阶逻辑及模态逻辑对语言学问题的处理 …………… (145)
8.1.1　一阶逻辑对连动结构的刻画 ……………………… (145)
8.1.2　模态逻辑对因果型连动结构的刻画 ……………… (152)
8.2　STIT 逻辑对语言学问题的处理 ……………………… (164)
8.2.1　STIT 逻辑对以言行事行为的刻画 ………………… (164)
8.2.2　STIT 逻辑对合作原则的改写 ……………………… (174)

结语 ……………………………………………………… (182)

参考文献 ………………………………………………… (183)

后记 ……………………………………………………… (186)

第 1 章　背景知识

本书中，作者将使用范畴类型逻辑（categorical type logic）这一技术工具对汉语中反身代词（reflexives）与其先行语（antecedent）之间的回指照应（anaphora）问题进行研究。在说明汉语反身代词回指照应中基本特点的基础上构建出相应的范畴类型逻辑系统。因此，本章第 1.1 节将以乔姆斯基层级（Chomsky hierarchy）为标准，说明不同种类范畴类型逻辑的生成能力（generative power）强弱的问题。第 1.2 节将从语言学的角度说明汉语反身代词回指照应的主要特点及其成因。第 1.3 节中还将简要地说明本书的主要内容和章节分布。

1.1　范畴类型逻辑的生成能力与乔姆斯基层级①

乔姆斯基在给出语法形式定义的基础上，通过对语法中的重写规则施加不同限制条件得到的语法生成能力层级划分就是乔姆斯基层级。虽然还有其他一些理论也对形式语法进行了层级划分，但是乔姆斯基层级却是最著名且被广泛使用的一种划分方法。本节中，我们就将使用这一层级划分方法说明不同范畴语法系统的表达力强弱问题。其中，第 1.1.1 小节简要梳理了范畴类型逻辑的发展历程以及主要的几种不同范畴类型逻辑系统；第 1.1.2 小节则给出乔姆斯基所定义的形式语法以及层级划分；第 1.1.3 小节中，依据乔姆斯基层级这一标准我们将说明这些主要范畴类型逻辑系统的生成能力强弱以及一些尚存的开放性问题。

---

① 本小节部分内容已发表，详见贾青《形式语法生成能力的分层》，《哲学动态》2014 年第 1 期，第 105—108 页。

1.1.1　不同的范畴类型逻辑系统

范畴类型逻辑是逻辑学与语言学的交叉学科，自从 20 世纪 30 年代创立以来，已发展出许多不同种类的系统以达到刻画自然语言的目的。

范畴类型逻辑是范畴语法（categorical grammar）中的一个分支。张璐（2013）指出，总的说来，范畴语法有两个大的发展方向：［1］以逻辑学研究方法为主的发展方向，即使用逻辑推导刻画自然语言中语法之间的推演、生成并注重于逻辑系统的构造以及元定理的证明。范畴类型逻辑以及类型逻辑语法（type logical grammar）都属于这一方向；［2］以语言学研究方法为主的发展方向，即以语言学中的知识背景为主，对逻辑学采用实用主义的态度以解决自然语言形式化处理中的若干问题。组合范畴语法（combinatory categorical grammar）就属于这一方向。

近年来，由于多模态范畴类型逻辑（multi-modal categorical type logic）的出现使得范畴语法两个发展方向之间相结合的趋势愈加明显。基于规则的逻辑推导与基于词库的语言学研究也在多模态范畴类型逻辑中达到了一定程度的融合。

对称范畴语法（symmetric categorical grammar）是范畴类型逻辑中最新出现的重要研究成果之一。范畴类型逻辑生成能力的提升主要有两条途径：［1］在系统中添加结构规则；［2］添加算子丰富系统的语言。多模态范畴类型逻辑是通过第一条途径增加生成能力的，而对称范畴语法则是通过第二条途径增加生成能力。

如果将未添加对偶算子或表示不同性质下标的范畴类型逻辑称为传统范畴类型逻辑的话，那么这一小节中，我们将分别介绍传统范畴类型逻辑中非结合的兰贝克演算（NL）与结合的兰贝克演算（L）、多模态范畴类型逻辑中的多模态兰贝克演算（ML）以及对称范畴语法中的兰贝克 – 格里辛演算（LG），以便对这三类重要的范畴语法理论有更为直观的了解。

［1］非结合的兰贝克演算与结合的兰贝克演算

非结合的兰贝克演算（non-associative Lambek calculus）可简记为 NL。该系统可被视为范畴类型逻辑中的一个极小系统，相较于其他传统的范畴类型逻辑系统，该系统对其字母表和结构规则都附加了更少的规定。

定义 1.1.1（NL 中的公式 F）F = A, F ⊗F, F/F, F \ F

NL 字母表（也可称 NL 的范畴）中包括原子范畴（A）以及由原子

范畴添加算子⊗、/或\①后形成的复合范畴。原子范畴一般包括 S、NP、N，而复合范畴则包括 NP\S，(NP\S)/NP，N⊗(N\S) 等。

　　我们假定：右斜线算子/是向左结合的，左斜线算子\是向右结合的且右斜线算子的结合力强于左斜线算子，积算子⊗的结合力强于右斜线算子。

　　定义 1.1.2（NL 的公理和推导规则）如果用大写拉丁字母表示系统 NL 中的任意范畴，用→表示范畴之间的推出关系，那么 NL 中的公理以及推导规则可表示如下：

公理：

　　　　同一公理（id）：A→A

推导规则：

　　　　Cut 规则：从 A→B 和 B→C 可推出 A→C
　　　　冗余规则：A⊗B→C 当且仅当 A→C/B 当且仅当 B→A\C

　　结合的兰贝克演算（associative Lambek calculus）可简记为 L。其是在 NL 的基础上增加如下这两条体现结合性的结构假设得到的。

　　　　结构假设（i）：A⊗(B⊗C) → (A⊗B)⊗C
　　　　结构假设（ii）：(A⊗B)⊗C→A⊗(B⊗C)

　　[2] 多模态兰贝克演算

　　多模态兰贝克演算（multi-modal Lambek calculus）可简记为 ML。为了获得生成能力更强的系统，人们希望可以将具有不同性质（主要是结合性或交换性）的算子整合到一个或几个逻辑系统中以使得对自然语言的处理更加精细化，而这类逻辑就被称为混合（hybrid）或多模态范畴类型逻辑。

　　给定一个标记集 I = {a, c, na, nc}，其中的四个标记分别表示结合、交换、非结合、非交换，那么通过对积算子⊗、右斜线算子/和左斜线算

---

　　① 三种算子可分别被称为积算子、右斜线算子和左斜线算子。

子 \ 添加标记集中的不同下标就能获得如下表所示的包含不同性质算子的范畴类型逻辑系统。

　　表1.1.1中所列出的这四类算子所分别构成的范畴类型逻辑系统中都包含各自独特的结构规则，而将这四类算子混合使用的话就能在一定程度上避免单个系统所具有的局限性，且能更好地刻画多变的自然语言现象。除此之外，多模态范畴类型逻辑系统中一般还会包含沟通规则以刻画带有不同性质算子的公式之间的推导关系。

表 1.1.1

结合	交换	联结词	范畴类型逻辑系统
无	无	⊗na&nc　\ na&nc　/na&nc	非结合非交换的兰贝克演算
无	有	⊗na&c　\ na&c　/na&c	结合的兰贝克演算
有	无	⊗a&nc　\ a&nc　/a&nc	交换的兰贝克演算
有	有	⊗a&c　\ a&c　/a&c	结合且交换的兰贝克演算

　　这里我们还将介绍一个 ML 的自然推演表示。

　　定义1.1.3（ML的自然推演表示）如果用大写拉丁字母表示任意的范畴，用 I 表示某一标记集，那么对于任一 $i \in I$，ML 的自然推演表示如下：

$$\frac{}{A \vdash A}\ id$$

$$\frac{\Gamma \vdash A/_i B \quad \Delta \vdash B}{\Gamma \bullet_i \Delta \vdash A}\ /_i E \qquad \frac{\Gamma \bullet_i B \vdash A}{\Gamma \vdash A/_i B}\ /_i I$$

$$\frac{\Delta \vdash B \quad \Gamma \vdash B\backslash_i A}{\Delta \bullet_i \Gamma \vdash A}\ \backslash_i E \qquad \frac{B \bullet_i \Gamma \vdash A}{\Gamma \vdash B\backslash_i A}\ \backslash_i I$$

$$\frac{\Delta \vdash A \otimes_i B \quad \Gamma[A \bullet_i B] \vdash C}{\Gamma[\Delta] \vdash C} \otimes_i E \qquad\qquad \frac{\Gamma \vdash A \quad \Delta \vdash B}{\Gamma \bullet_i \Delta \vdash A \otimes_i B} \otimes_i I$$

[3] 兰贝克–格里辛演算

兰贝克–格里辛演算（Lambek-Grishin calculus）可简记为 LG。其通过增加算子，即给出积算子、右斜线算子和左斜线算子的对偶算子的方式增加范畴类型逻辑的生成能力。

定义 1.1.4（LG 的公式 F）F = A, F⊗F, F⊕F, F/F, F⊘F, F\F, F⊘F

其中，⊕是⊗的对偶算子、⊘是/算子的对偶算子、⊘是\算子的对偶算子。

定义 1.1.5（LG 的公理和推导规则）与 NL 相比，LG 的公理同样是同一公理和 Cut 公理，而 LG 的推导规则除 NL 的四条外还包含如下的一条：

$$C \oslash A \to B \text{ 当且仅当 } C \to B \oplus A \text{ 当且仅当 } B \oslash C \to A$$

LG 中的算子⊗和⊕本身是不具有结合性和交换性的，但是这两个算子的混合使用却可能会在一定程度上允许交换性或结合性的出现。

格里辛（V. N. Grishin）曾经讨论过四种类型的公理以体现不同算子所体现出的一定程度上的结合性或交换性，而在 LG 演算的基础上分别添加这四种公理构成的系统就分别被记为：LG_I、LG_{II}、LG_{III} 和 LG_{IV}。

如果这四种公理中的几组要在同一个演算中作为公理出现，那么这个 LG 演算就可被记为 LG_{I+IV} 或 $LG_{I+II+IV}$。未添加这四种公理中任何一组的 LG 演算可记为 $LG_\varnothing$。

表 1.1.2 中给出的就是格里辛所给出的第一种类型的公理和第四种类型的公理。

表 1.1.2

	类型 I	类型 II
混合的结合性	$(A \oplus B) \otimes C \rightarrow A \oplus (B \otimes C)$ $A \otimes (B \oplus C) \rightarrow (A \otimes B) \oplus C$	$(A \backslash B) \oslash C \rightarrow A \backslash (B \oslash C)$ $A \obackslash (B/C) \rightarrow (A \obackslash B)/C$
混合的交换性	$A \otimes (B \oplus C) \rightarrow B \oplus (A \otimes C)$ $(A \oplus B) \otimes C \rightarrow (A \otimes C) \oplus B$	$A \obackslash (B \backslash C) \rightarrow B \backslash (A \obackslash C)$ $(A/B) \oslash C \rightarrow (A \oslash C)/B$

1.1.2　乔姆斯基层级

按照乔姆斯基的定义，任一语法都应该包含如下的四个部分：

［1］由非终极符号①（non-terminal symbols）构成的集合，可用 V_N 表示。

［2］由终极符号②（terminal symbols）构成的集合，可用 V_T 表示。

［3］语法中的初始符号，可用 S 表示。

［4］重写规则集合，可用 P 表示。

其中，集合 V_N 和集合 V_T 中的元素可分别使用大写拉丁字母和小写拉丁字母表示且 V_N 与 V_T 的交应为空。

如果令 G 表示某一语法，那么该语法 G 的字母表可表示为 V 且 V 就等于 V_N 与 V_T 的并。由 V 中符号构成的符号串的集合则可表示为 V＊（$\varnothing \in V＊$），而 V＊中除去空符号串 $\varnothing$ 所得到的集合则是 V^+。

重写规则集 P 中的元素都具有如下形式：

$$\varphi \rightarrow \psi$$

其中，φ 和 ψ 都表示由语法中字母表所构成的符号串且 $\varphi \in V^+$、$\psi \in V$。

对于任一语法 G，L（G）是由 G 导出的语言当且仅当 L（G）是由 G 中的初始符号出发，应用 G 中的重写规则所推导出的语句的集合。

例 1.2.1 在汉语中，我们可以给出如下的这一语法 G 以及由 G 导出的语言 L（G）。

---

① 非终极符号是指那些不能处于生成终点的符号。

② 终极符号是指处于生成终点的符号。

G 中的四个构成部分：

V_N = ｛NP，VP，S｝

V_T = ｛张三，踢球；看报纸；写作业｝

初始符号为 S

$$P = \left\{ \begin{array}{l} [1]\ S \rightarrow NP + VP \\ [2]\ NP \rightarrow 张三 \\ [3]\ VP \rightarrow 踢球；看报纸；写作业 \end{array} \right\}$$

这里，NP 表示名词（短语）；VP 表示动词短语；S 表示句子。S 为语法 G 中的初始符号。利用 G 中的重写规则我们可以得到集合 L（G），即 L（G）= ｛张三踢球，张三看报纸，张三写作业｝

根据上述说明，我们可以将语法、由语法导出的语言以及其他一些相关概念定义如下：

定义 1.1.6（语法 G）对于任一四元组 G = ⟨V_N，V_T，S′，P⟩，其为一个语法当且仅当下面的条件被满足：

[1] V_N 是由非终极符号构成的集合，V_T 是由终极符号构成的集合且 $V_N \cap V_T = \varnothing$；

[2] S′ 为 G 中的初始符号且 S′ ∈ V_N；

[3] P 为 G 中的重写规则集且 P 中的元素都具有 φ → ψ 这一形式，其中 φ ∈ V^+，ψ ∈ V。

定义 1.1.7（推导关系 ⇒ 和 ⇒*）对于任一语法 G(= ⟨V_N，V_T，S′，P⟩)，以及 V * (= $V_N \cup V_T$) 中的符号串 φ、ψ，φ ⇒ ψ 当且仅当 ψ 是仅一次应用 P 中的重写规则由 φ 得到的。φ ⇒ * ψ 当且仅当 ψ 是应用 P 中的重写规则由 φ 得到的且重写规则的应用次数不限。

定义 1.1.8（L（G））对任一语法 G（= ⟨V_N，V_T，S′，P⟩），L（G）为由其导出语言当且仅当 L（G）= ｛φ｜φ ∈ V_T 且 S′ ⇒ * φ｝。

定义 1.1.9（语法的（弱）等价）对于任意语法 G、G′，令 L（G）和 L（G′）分别为其所生成的语言，那么若 L（G）= L（G′），则称语法 G 和 G′（在生成能力上）等价，也称为弱等价（weak equivalence）。

在定义 1.1.6 中，对语法 G 中的重写规则集 P 仅要求其中的元素具有 φ → ψ 这一形式且 φ ∈ V^+、ψ ∈ V。这一条件要求 P 中所有的重写规则在箭头左边的符号串都要是非空的。

对于那些仅对重写规则做这一要求的语法，乔姆斯基将其命名为 0 型语法（type 0 grammar）。除此之外，通过对重写规则添加下面三个不同条件则能获得其他类型的语法。

条件［1］：每一条重写规则都具有 $\varphi \to \psi$ 这一形式且 ψ 这一符号串要长于或等于 φ 这一符号串的长度。

条件［2］：每一重写规则都具有 $A \to \psi$ 这一形式。

条件［3］：每一重写规则都具有 $A \to xB$ 或 $A \to x$ 这一形式。

条件［1］中，φ 和 ψ 都可被分别改写为 $\chi_1 \varphi' \chi_2$ 和 $\chi_1 \psi' \chi_2$ 这种形式（χ_1、χ_2 均可为空），在上下文 $\chi_1 - \chi_2$ 中应用重写规则 $\varphi' \to \psi'$，就能从符号串 $\chi_1 \varphi' \chi_2$ 得到符号串 $\chi_1 \psi' \chi_2$。对 φ 和 ψ 长度的要求则是为了保证非收缩性（non-shrinking），即不会出现在使用重写规则的过程中导致箭头左边为空的情况。

条件［2］中，A 表示非终止符号；ψ 则表示某一符号串（$\psi \in V*$）。这时上下文要求为空，所以在应用重写规则时不必考虑 A 所出现的上下文。

条件［3］中，A、B 表示非终止符号；x 表示终止符号。这一条件中重写规则的应用也不必考虑上下文因素而且每一次应用重写规则都会得到一个终止符号。

乔姆斯基将满足条件［1］的语法称为上下文敏感（context sensitive）语法或 1 型语法（type 1 grammar），将满足条件［2］的语法称为上下文无关（context free）语法或 2 型语法（type 2 grammar），将满足条件［3］的语法称为正则（regular）语法或 3 型语法（type 3 grammar）。

帕蒂、默伦和华尔（B. Partee，A. Meulen and R. Wall，2009）指出，这四类语法之间并不存在严格的层级关系，具体来说这四者的关系可表述如下：

［1］1 型语法都是 0 型语法，即 1 型语法包含于 0 型语法中；

［2］1 型语法与 2 型语法间不存在包含关系；

［3］3 型语法都是 2 型语法，即 3 型语法包含于 2 型语法中。

1 型语法与 2 型语法间之所以不存在包含关系是因为在条件［2］中 ψ 可为空，但是在条件［1］中由于非收缩性的限制使得箭头左边的符号串不能为空。

由这四类语法所生成的语言之间的关系则可被规定如下：

［1］1 型语法生成的语言包含于 0 型语法生成的语言；

〔2〕不含空串的 2 型语法所生成的语言包含于 1 型语法所生成的语言；

〔3〕3 型语法所生成的语言包含于 2 型语法所生成的语言。

冯志伟和胡凤国（2012）称 3 型语法由于自身的一些局限性（如很难处理带有联结词的语句以及无法刻画语言中的层级关系等）而使其刻画自然语言的能力不强；2 型语法虽较适合于刻画自然语言但是在对自然语言中歧义句的处理中还存在不少的问题；1 型语法在生成能力上比 2 型语法以及 3 型语法都强，但是因为"乔姆斯基认为自然语言本身是一种介于上下文无关语言与递归可枚举语言之间的语言"①，所以其强大的生成能力在刻画自然语言中也很难物尽其用；0 型语法对重写规则所施加的限制过少，很难被用于刻画自然语言。所以说，就自然语言的刻画而言，上下文无关语法是较为合适的，但是由于其中也存在一些缺陷和问题，所以如何在一定程度上提高上下文无关语法的生成能力就成为逻辑学家和语言学家所致力研究的一个重要问题。

1.1.3　不同范畴类型逻辑系统的生成能力

弱等价关系和强等价（strong equivalence）关系是我们在讨论不同语法生成能力时经常会涉及的两个概念。弱等价的定义已在定义 1.1.9 中给出。下面将要给出的则是强等价的定义。

定义 1.1.10（语法的强等价）对于具有弱等价关系的任意两个语法 G 和 G′，如果其生成任意语句的推导过程都相同，那么就称 G 和 G′之间具有强等价关系。

由此可见，具有强等价关系的语法之间一定具有弱等价关系，但是具有弱等价关系的语法之间却不一定具有强等价关系。

乔姆斯基（N. Chomsky，1963）曾猜测说，虽然不知道结合的兰贝克演算与双向范畴系统（bidirectional categorical systems）或上下文无关语法之间是如何关联在一起的，但我们还是希望这种关联性是极其紧密的，也许就会像弱等价关系那样。乔姆斯基的这一猜测最早是潘特斯（M. Pentus，1993）证明的。其证明分两大部分：

〔1〕通过将上下文无关语法转换成 Greibach 范式证明上下文无关语

---

①　冯志伟、胡凤国：《数理语言学》，商务印书馆 2012 年版，第 130 页。

法所生成的语言是包含于结合的兰贝克演算所生成的语言之中的。

［2］通过使用结合的兰贝克演算中成立的内插定理版本证明结合的兰贝克演算所生成的语言是包含于上下文无关语法所生成的语言之中的。

包括（N）L 在内的大量传统范畴类型逻辑系统都是弱等价于上下文无关语法的，这类语法虽然能在一定程度上使用逻辑推导刻画语言中的语法生成过程并给出与逻辑推导相对应的框架语义学解释，但是在处理歧义现象等自然语言中的问题时却出现了较大的困难，不能很好地适应自然语言的灵活多样性。因此以斯蒂特曼（M. Steedman）、黑普（M. Hepple）等为代表的学者才开始对传统范畴类型逻辑系统进行扩张，即通过添加不同的下标以标记出算子的不同性质（如非结合且交换、结合且非交换等），并将具有不同性质的算子整合到一个逻辑系统或几个逻辑系统中。这种系统中一般还会有包含规则以刻画包含不同性质算子的公式之间的推导关系（如 $A \otimes_{a\&nc} B \to A \otimes_{a\&c} B$）。

以这种方式构成的范畴类型逻辑系统就被称为多模态的范畴类型逻辑。这类范畴类型逻辑之所以会具有更强的生成能力，一个很重要的原因就是沟通规则的添加，这是因为单从句法层面看的话，多模态范畴类型逻辑如果没有沟通规则，那也就无异于将多个范畴类型逻辑放置到一起构成一个系统而已，生成能力并不会有所提升。本瑟姆和默伦（J. van Ben-them, A. Meulen, 2011）指出，多模态范畴类型逻辑的生成能力问题较为复杂，这是因为不同多模态范畴类型逻辑系统的生成能力都与系统中所添加的结构规则种类直接相关。对于未添加任何结构规则的多模态范畴类型逻辑系统而言，其生成能力不会超过上下文无关语法。

在通过引入对偶算子提升范畴类型逻辑生成能力的努力中所得到的对称范畴语法系统也面临与多模态范畴类型逻辑系统同样的问题，即 $LG_{\varnothing}$ 的生成能力是弱等价于上下文无关语法的，但是添加了格里辛所引入的四类公理（或四类公理中的几类或几条）后所得到的系统的生成能力强弱的问题则受到所添加公理的限制。

因此，对于多模态的范畴类型逻辑系统以及对称范畴语法中的不同系统而言，我们所了解到的只是一些较为简单的或概括性的结论，很多具体的技术细节的给出则需要进一步的研究和考察。在上下文无关语法的基础上，不同类型范畴类型逻辑到底能将自身的生成能力提升到什么样的层次，是否能够达到上下文敏感语法的水平等问题的解答都还需要进一步的研究结果来给出答案。

1.2　汉语反身代词回指照应的主要特点及其成因

汉语反身代词主要包含两大类型：第一种类型具有代词 + "自己"这一形式，如"他（她/它）自己"、"他们（她们/它们）自己"等；第二种类型则仅是指光杆的"自己"。由于反身代词属于照应语（anaphor），所以不具有独立的指称，其指称的确定必须依赖于反身代词所回指的先行语。为了阐明汉语反身代词与其先行语之间的这种回指照应关系，本节中，第 1.2.1 小节将说明乔姆斯基的约束原则是如何刻画英语中反身代词与先行语之间的回指照应问题的；第 1.2.2 小节则给出汉语反身代词回指照应的主要特点，即说明汉语反身代词与先行语之间的回指照应对约束原则的主要违背之处；第 1.2.3 小节则将深入剖析汉语反身代词违背约束原则要求的一些根本原因。

1.2.1　乔姆斯基的约束原则

20 世纪 80 年代，在乔姆斯基标准理论末期，其讨论了语义和句法之间的关系，"出发点是试图解释句子成分之间的某些语义关系，基本精神是从句子成分的句法结构关系出发，寻求结构关系对语义关系的制约"[①]。石定栩（2002）指出约束原则的出现就可以追溯到这一时期。

乔姆斯基（N. Chomsky, 1981）将名词词组分为三类，分别是：照应语、代名词（pronominal）[②] 和指称语（R-expression）。所谓的约束原则就是对这三类名词词组的指称约束关系进行语法规定的一种理论，而照应语与其先行词之间的回指照应关系则是这种指称约束关系中的一种。这一理论的核心内容是如下的三条原则：

[1] 约束第一原则（binding principle A）：

照应语在管辖语域（governing category）内受约束。

[2] 约束第二原则（binding principle B）：

---

① 石定栩：《乔姆斯基的形式句法——历史进程与最新理论》，北京语言大学出版社 2002年版，第 241 页。

② 代名词是一种名词词组。例如在语句 Mary criticized her 中，代名词"her"可以指称任何女人，但却唯独不能是 Mary。

代名词在管辖语域内是自由的。

[3] 约束第三原则（binding principle C）：

指称语总是自由的。

对于管辖语域这一概念，徐烈炯（2009）将其定义如下：

对于任意语法结构α①、β，α是β的管辖语域当且仅当下面的三个条件被满足：

[1] α包含β；

[2] α包含β的主管成分；

[3] α包含β的可及 SUBJECT② 的最小语类。

下面的三个例子中，方括号内的部分就是语句中反身代词的管辖语域。例 1.2.1 中，内层的 S，即 "John adores himself" 就是 "himself" 的管辖语域；例 1.2.2 因为内层 S 不包含主管成分，所以反身代词 "herself" 只能由外层的 "wish" 管辖，其管辖语域也就是外层的 S；而例 1.2.3 则因为名词短语 "portraits of herself" 中不包含 "herself" 可及的 SUBJECT 的最小语类，所以反身代词 "herself" 的管辖语域是 S。

例 1.2.1　Mary knows that [John adores himself].

例 1.2.2　[Mary wishes herself to be criticized by John].

例 1.2.3　[Mary likes portraits of herself].

例 1.2.4　Mary likes John's portraits of himself.

例 1.2.5　Mary expects portraits of himself will be on sale.

按照上文所给出的管辖语域的定义，在例 1.2.4 中，反身代词 "himself" 的管辖语域应该是全句 S，而例 1.2.5 中反身代词 "himself" 的管辖语域则是内层的 S。但是例 1.2.4 中，由于 "himself" 的可及主语并不是 "Mary"，所以全句 S 也就不能是 "himself" 的管辖语域；例 1.2.5 中，由于反身代词 "himself" 在内层 S 中不能找到先行语，所以其管辖语域也就不能是内层的 S。但这两个例子中的语句又是成立的，所以徐烈炯（2009）才指出管辖语域的确定除依据定义外，还要遵守下面的两个附加条件：

———————————

① 此处的α一般为 NP 或 S。

② S 直属的 NP 和 AGR 都可称为 SUBJECT。AGR 则是一种语法成分，以体现主语与动词的一致性。

［1］AGR 与受其约束的 NP 同标；

［2］β不可以与包含它的语类同标。

约束第一原则要求照应语在管辖语域内受约束。这一原则是说，照应语与其先行语都要处于照应语的管辖语域中。如例 1.2.6 所示，反身代词"himself"与其先行语"John"都处于"himself"的管辖语域，即内层 S 之中，因此"himself"在其管辖语域内受到了约束。

例 1.2.6　Mary wants ［John to write a letter to himself］．

约束第二原则要求代名词在管辖语域内是自由的。这一原则是说，在代名词的管辖语域中，不能存在与其指称相同的先行语。

约束第三原则要求指称语总是自由的。此处的指称语相当于弗雷格（G. Frege）所谓的名称（name）。由于此类语词可以直接指称某人、某事或某物，因此不必受到其他语词的约束。

反身代词作为照应语的一种，其与先行语之间的指称约束关系（或回指照应关系）应该遵守约束第一原则的规定，即两者都要处于包含反身代词的管辖语域中。正因如此，约束第一原则也将成为本书所讨论的重点。

在英语中，先行语与反身代词之间除指称约束关系被约束原则严格规定外，两者之间的前后位次关系也较固定，即先行语位于反身代词之前而且一般不会出现先行语不出现的情况。正如例 1.2.6 所示，先行语"John"位于反身代词"himself"之前，而且如果先行语不在语句中出现的话，那么反身代词"himself"的指称也很难确定，所以如果我们要确定某一反身代词的指称，那只需要以反身代词所处的位置为始，向前搜索就可以找到反身代词回指的那个先行语。

1.2.2　汉语反身代词回指照应对于约束原则的违反

相较于英语这种语法严密的语言来说，汉语更能体现出语言的意合性和灵活性，所以才导致汉语中的很多语类虽在使用上相当随意但却合乎汉语的表达形式，能够达到表词达意的效果。汉语中的反身代词无疑也具有这种意合性和句法上的不严格性。

本小节中，我们所谓的汉语反身代词对约束规则的违反包含如下的两个方面：

［1］汉语中所存在的那些违反约束原则但却符合汉语表达方式的反

身代词使用方法（如主语倾向性（subject orientation）问题）。

[2] 很多英语中就已存在但在汉语中却更为严重的问题（如"长距离约束"（long-distance binding）问题等）。

具有代词+"自己"这种形式的反身代词类型与英语中的反身代词具有相类似的性质和表现形式，而具有光杆"自己"这种形式的反身代词则更能体现汉语的特殊语法特征，因此，虽然本书会对这两种类型的反身代词都加以讨论，但后者却会是我们研究的重点。

语言学中谈论较多的关于汉语反身代词回指照应的问题，主要有如下三类：

[1] 允许"长距离约束"

管辖语域定义中的第三条规定"α包含β的可及 SUBJECT 的最小语类"。但是在汉语中，反身代词先行语的确定却常常突破这种"最小语类"的限制。例 1.2.7 中，反身代词"自己"的先行语既可以是"王五"也可以是"张三"。如果是第一种情况，那么反身代词与其先行语之间的约束关系就符合约束原则的规定，这种状况也被称为"局部约束"（local binding）；而如果是第二种情况，那么反身代词的先行语就突破了管辖语域的限制，因而违背了约束原则的规定，这种状况就是长距离约束。

例 1.2.7　张三知道王五喜欢自己。

[2] 主语倾向性

程工（1994）指出："英语的反身代词在回指时不受先行语语法位置的影响，而'自己'则倾向选择主语先行语，这在文献中称'主语倾向性'。"例 1.2.8 中，一般认为，反身代词"自己"的先行语是"张三"而不是"王五"。

例 1.2.8　张三告诉王五说自己要来。

[3] "次统领约束"（sub-command binding）问题

英语中，只有 c-command[①] 反身代词的成分才能成为该反身代词的先行语，但汉语中的情况却并非如此。例 1.2.9 中，虽然"张三"并不 c-command"（他）自己"，但是反身代词"（他）自己"回指的成分却只

---

① 石定栩（2002）将 c-command 定义如下：在成分结构树形图（constituent structure tree）中，节点αc-command 节点β当且仅当支配节点α的第一个分支节点也支配β且α与β之间不存在支配关系。

能是"张三"。

例 1.2.9 张三的占有欲害了（他）自己。

黄正德和汤志真（Huang, Cheng-Teh James and C. -C. Jane Tang, 1991）指出，汉语中，如果一个名词词组 c-command 某一反身代词，那么这个名词词组中的任何一个成分都可 c-command 该反身代词，而这一现象就被定义为次统领约束（或简称为次统领）。

如上文所述，英语中，先行语一般位于反身代词之前，因此当我们想要确定反身代词的指称时，只要向前搜索就可以了。但是汉语中反身代词与先行语之间的前后位次问题却更为复杂，主要存在如下的两种特殊情况：

［1］语句中不存在约束反身代词的先行语

在这种情况下，语句中约束反身代词的先行语缺失了。如例 1.2.10，两个"自己"无论是作主语出现还是作其他成分出现，都找不到其先行语。但这却并未妨碍我们对语句的理解。

例 1.2.10 他拒绝了那姑娘为他殷勤地宽衣解带，拒绝了那姑娘和他同浴。自己进了浴室泡在热水中仍无法说服自己像个花了大价钱的主顾无耻起来。（王朔《许爷》1996）

［2］先行语位于反身代词的后面

汉语中，先行语不但可以位于反身代词之前，还可以位于反身代词之后。如例 1.2.11，反身代词"自己"既可回指"张三"也可回指"李四"。当第一种情况发生时，先行语就位于反身代词的前方，但是当第二种情况发生时，先行语则位于反身代词的后方。

例 1.2.11 张三大骂了指着自己鼻子的李四。

先行语位于反身代词后面这一特殊情况的出现，不仅说明汉语中先行语与反身代词之间除前于关系外还存在后于关系，还说明汉语反身代词回指照应中的一些问题，如次统领等问题也会出现在先行语后置的情况下。例如在语句"他自己就是被自己的自满心害了"中，"自己"是一个代词，而"他自己"则是一个反身代词，其先行语就是后于"他自己"的"自己"。

对于汉语反身代词"自己"在语法上具有上述这些特点的原因，主要有如下两种说法：

［1］在很多情况下，"自己"已不是作为反身代词出现而是作为代词

（如例 1.2.10 中的第一个"自己"）或其他范畴的语词出现，因此这种语词范畴上的混杂和多样性就会造成"自己"违反了约束原则的假象。

[2] 反身代词"自己"本身在语法上就是较英语反身代词而言更灵活的，因此这种灵活性就导致了"自己"对约束原则的违反。

对于这两种说法，我们可以分别使用不同的形式语言学理论加以刻画。本书中我们就将分别使用不同的范畴类型逻辑系统来对其加以处理。

另外，上文中所给出的例子和说明主要针对的是汉语反身代词的第二种类型，即光杆"自己"的这种类型。对代词＋"自己"的这一类反身代词却没有过多讨论。两类反身代词比较而言，代词＋"自己"这一类的反身代词应该具有如下的几个特点：

[1] 对"长距离约束"和主语倾向性的问题而言，代词＋"自己"这类的反身代词具有一定的阻隔作用，即在一定程度上将反身代词的先行语限制到了管辖语域内，阻断了"长距离约束"和主语倾向性问题的出现。如在例 1.2.12（i）和（ii）中，反身代词"他自己"的先行语都只能是"王五"。

例 1.2.12　（i）张莉知道王五喜欢他自己。

　　　　　　（ii）张莉告诉李四，王五说他自己要来。

[2] 代词＋"自己"这类反身代词在向前或向后搜寻先行语时都能缩小搜索范围。这是因为只有同标的语词才能够充当反身代词的先行语，而代词＋"自己"这类的反身代词至少给出了先行语的一部分词性要求（如"他自己"就要求先行语不能指称女性）。

正因如此，代词＋"自己"这类的反身代词才能没有光杆"自己"这类反身代词复杂，在语法要求上也更接近于英语中的反身代词。

在语言学中，上述的这些问题都一直被广泛讨论。当然，本书中我们所讨论的问题并不局限在这些问题上。除上述问题外的一些其他问题，我们也将在不同的章节中进行分别阐述。

1.2.3　约束反身代词回指的那些序列关系

在语言学中，成分结构树型图（可简称为成分结构树）经常被用来分析语句的语法结构，这里我们也将使用这种树形图来说明 c-command、前后关系以及支配（dominance）关系在汉语反身代词语法特征形成中所起到的作用。

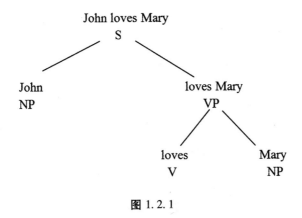

图 1.2.1

帕蒂、默伦和华尔（B. Partee，A. Meulen and R. Wall，2009）指出了成分结构树的如下三个特点：

[1] 将语句的构成部分划分成具有不同层级的成分；

[2] 给出不同语句成分的语法类型；

[3] 给出语句成分从左到右的顺序排列。

如图 1.2.1 所示，从这一成分结构树中我们首先可以看出语句的构成层级，即 S（"John loves Mary"）是由 NP（"John"）+ VP（"loves Mary"）构成的，而 VP（"loves Mary"）则是由 V（"loves"）+ NP（"Mary"）构成的。在成分结构树的每一个节点（node）都由语言符号串（如"John"、"Mary"等）以及该语言符号串所属的语法类型（如 NP、V 等）构成。除此之外，成分结构间的左右排列顺序也是一目了然（如"John"在最左边、"Mary"在最右边等）。

由上述定义可知，成分结构树中还存在两类序关系，即支配关系（可用 D 表示）和前于（precedence）关系（可用 P 表示）。支配关系用来刻画语句成分之间的层级关系，而前于关系则被用来刻画语句成分之间的左右顺序。如图 1.2.1 中，VP（"loves Mary"）这一节点就支配节点 V（"loves"）和节点 NP（"Mary"）；而节点 V（"loves"）则前于节点 NP（"Mary"）。

在给出上述说明之后，下面我们将给出成分结构树的精确定义：

定义 1.2.1（成分结构树）任意五元组〈N，Q，D，P，L〉为一个成分结构树，当且仅当下面的条件被满足：

[1] N 是由节点构成的有穷集。

［2］Q 是由标记（labels）构成的有穷集。

如果令α表示 Q 中的任意元素，那么α∈语言符号串集合×语法类型集合。

［3］D（支配关系）是集合 N 上的偏序关系，传递、自返、反对称且满足单根条件（the single root condition），即∃!① α(α∈N ∧(∀β(β∈N→D αβ)))。

［4］P（前于关系）是集合 N 上的严格偏序关系，传递、禁自返、禁对称且满足如下的两个条件：

（i）排外条件（the exclusivity condition）：

¬(∃α∃β((α∈N ∧β∈N)∧(D αβ∨D βα)∧(P αβ∨P βα)))

（ii）非纠缠条件（the nontangling condition）：

对于 N 中的任意节点α、β、χ、δ，如果 P αβ∧D αχ∧D βδ，那么 P χδ。

［5］L 是一个从 N 到 Q 的函数，该函数可被称为加标函数。

定义 1.2.2（c-command）对于成分结构树⟨N，Q，D，P，L⟩中的任意两个节点α、β，αc-command β当且仅当下面的两个条件被满足：

［1］并非 D αβ或 D βα；

［2］对于任意节点χ，如果 D χα且不存在节点 δ使得 D χδ∧D δα，那么 D χβ。

定义 1.2.2 中所给出的 c-command 以及成分结构树中的支配关系、前于关系共同构成了约束反身代词回指照应的三种语法关系。例如在确定反身代词的管辖语域时就需要 c-command 的限制，而前于关系（在有的语言中是支配关系）则在先行语的搜索中起到了约束先行语出现位置的作用。雷哈特（T. Reinhart，1976）就曾讨论过在英语中 c-command 与前于关系在对代词回指问题上的限制与约束等问题。② 但是在汉语中，由于缺少相应的语法规则制约，所以反身代词与先行语之间的回指约束关系受到的限制也相对于英语来说要更难梳理，这主要表现在如下三方面上：

［1］与英语相比较而言，管辖语域在汉语反身代词确定先行语时所起的限制作用要更弱，所以 c-command 在汉语反身代词回指照应的确定中

---

① 符号∃! 表示仅存在一个。

② 对这一问题感兴趣的读者还可参考如下文献：Kayne（1994）、Pesetsky（1995）、Barss and Lasnik（1986）、Gawron and Peters（1990）等。

所起的作用也十分有限。正因如此才会出现长距离约束、主语倾向性的问题。

［2］支配关系在有的语言中对反身代词回指照应也会产生一定的影响，但是在汉语中，支配关系对反身代词回指照应的影响也有所减弱，进而出现次统领的问题。

［3］由于汉语中先行语不一定位于反身代词的前面，所以先行语与反身代词之间的前于关系也被打破了，出现了先行语在反身代词后出现的问题。

因此，在汉语中，我们可以说句法规则的缺少使得反身代词回指照应的问题更为复杂，即 c-command、支配关系以及前于关系在汉语中，特别是针对反身代词回指照应问题的制约上都有所弱化，不像在英语等语言中那样具有很强的制约能力。我们认为，这种被弱化后得到的关系应该是一种无方向性的强偏序关系。

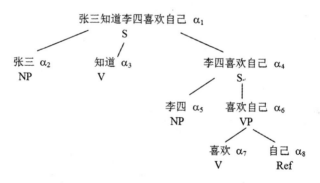

图 1.2.2

在反身代词与先行语的位次关系上，无论是否存在先行语后置的问题，这种无方向性的强偏序关系都会成立，即先行语与反身代词之间总会具有位次上的前后关系。在反身代词搜索先行语时，如果仅在有方向性的强偏序关系，即前于关系的约束下，那么就会将先行语的搜索范围限制到反身代词之前的语词上，正因为其只满足了无方向性强偏序关系的一部分，所以才导致在先行语后置时无法搜索先行语情况的出现，因此本书中，我们将在成分结构树中增加一种后于关系（传递、禁自返、禁对称）以补齐前于关系的不足。

　　下面我们将给出带有后于关系的成分结构树的定义并以此定义为基础详细说明我们的观点。

　　定义 1.2.3（带有后于关系的成分结构树）对于任意六元组⟨N, Q, D, P, B, L⟩，其为一个带有后于关系的成分结构树，当且仅当下面的条件被满足：

　　[1] 五元组⟨N, Q, D, P, L⟩是一个成分结构树

　　[2] B 是成分结构树⟨N, Q, D, P, L⟩上的后于关系，当且仅当对于 N 中任意的节点 α、β、χ，下面的三个条件被满足：

　　（i）禁自返：¬Bαα

　　（ii）禁对称：Bαβ→ ¬Bβα

　　（iii）传递：Bαβ∧Bβχ→Bαχ

　　如图 1.2.2 所示，反身代词"自己"的先行语既可以是"张三"也可以是"李四"。如果其先行语是"张三"，那么就出现了"长距离约束"的问题，这时包含标记"张三"的节点 $α_2$ 与包含标记"自己"的节点 $α_8$ 之间就具有前于关系，即 $Pα_2α_8$。而当先行语后置的问题出现时，反身代词与先行语之间所具有的则是后于关系。

　　所以，我们才认为，与 c-command、支配关系和前于关系相比，后于关系 B 在约束汉语反身代词与其先行语之间的回指照应问题上也起到了一定的作用。因此我们将以定义 1.2.3 中的四类关系为基础对汉语反身代词的回指照应问题加以说明和刻画。

1.3　主要内容和章节分布

1.3.1　主要内容

本书所要阐述的内容主要体现在如下的几个方面：

　　[1] 利用范畴类型逻辑这一技术手段解释汉语反身代词与其先行语之间的回指照应问题，增强范畴类型逻辑处理汉语中问题的能力。

　　[2] 以汉语反身代词回指照应问题为线索，对范畴类型逻辑中的不同类型（如传统的范畴类型逻辑、多模态的范畴类型逻辑、对称范畴语法）在处理汉语具体问题时的特点和不足作出详细地对比和分析。

　　[3] 在原有范畴类型逻辑系统的基础上进行改进或修正以给出刻画汉语反身代词回指照应问题的不同范畴类型逻辑系统。

1.3.2　章节分布

第 1 章：简要说明本书所要解决的问题及所要利用的逻辑技术工具。

第 2 章：简要介绍传统范畴类型逻辑中的 LLC 系统，即由贾戈尔（G. Jäger）所创建的带有受限缩并规则的范畴类型逻辑系统。

第 3 章：修正 LLC 系统以处理与汉语反身代词回指照应相关的一些问题。

第 4 章：从多模态范畴类型逻辑的角度出发，构建系统 MMLLC 以处理与汉语反身代词回指照应相关的一些问题。

第 5 章：介绍对称范畴语法的主要内容。

第 6 章：从对称范畴语法的角度出发，构建对称范畴语法系统 LG_{dis} 以处理与汉语反身代词回指照应相关的一些问题。

第 7 章：对上述方案的比较以及对未来工作的说明。

第 8 章：介绍其他逻辑分支对语言学问题的处理。

第2章 传统范畴类型逻辑及 LLC 系统

本章将介绍贾戈尔（G. Jäger）所构建的带受限缩并规则的兰贝克演算（Lambek calculus with limited contraction）。其中第2.1节将介绍比 LLC 更为基础的结合的兰贝克演算 L，而第2.2节则将介绍贾戈尔的带受限缩并规则的兰贝克演算 LLC。

2.1 结合的兰贝克演算 L

2.1.1 L 的公理表示

兰贝克（J. Lambek，1958）首先使用公理表示的方法给出结合的兰贝克演算，即 L。这一小节中我们就将分别介绍这一演算的语法、语义以及元定理的证明。

定义2.1.1（L中的公式 F） F = A, F ⊗ F, F/F, F \ F

L中原子公式 A ∈ {NP, N, S}，而复合公式则是在原子公式的基础上添加不同算子构成的。积算子⊗表示的是公式之间的毗连运算，而右斜线算子/和左斜线算子\ 所表示的则是一种区分了左右方向的蕴涵关系。如公式 NP \ S 所表示的意思就是向左结合一个原子公式 NP 得到原子公式 S，而 S/NP 的意思则是向右结合 NP 得到 S。

定义2.1.2（L 的公理、推导规则和结构假设）

L 的公理：

同一公理（id）：A→A

L 的推导规则：

> Cut 规则：从 A→B 和 B→C 可推出 A→C
>
> 冗余规则：A⊗B→C 当且仅当 A→C/B 当且仅当 B→A \ C

L 的结构假设：

> 结合假设（ass）：A⊗(B⊗C) ↔ (A⊗B)⊗C

定义 2.1.3（L 的框架 F_L）L 的框架 F_L 是一个二元组 $\langle W_L, R_L \rangle$，其中 W_L 是一个非空且由语言符号串构成的集合，而 R_L 则是 W_L 上的三元关系且对于 W_L 中的任意五个元素 x、y、z、u、v 而言，下面两个条件要被满足：

[1] $R_L xyz \wedge R_L zuv \rightarrow \exists w (R_L wyu \wedge R_L xwv)$

[2] $R_L xyz \wedge R_L yuv \rightarrow \exists w (R_L wvz \wedge R_L xuw)$

这两个条件所体现的就是框架的结合性，正如图 2.1.1 所示：

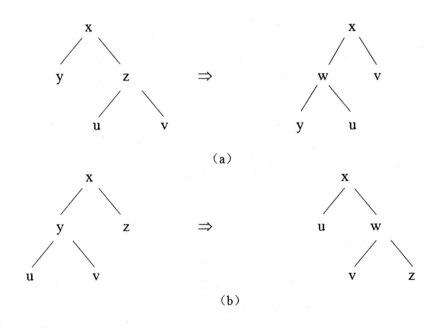

图 2.1.1

直观上来说，条件 [1] 说明如果语言符号串 x 由语言符号串 y 和 z 构成，y 在左 z 在右且 z 由语言符号串 u 和 v 构成；u 在左 v 在右，那么 x 就由语言符号串 w 和 v 构成；w 在左 v 在右而 w 又由 y 和 u 构成，y 在左 u 在右。这正是图 2.1.1 中（a）所图示的内容。

条件 [2] 说明如果 x 由 y 和 z 构成，y 在左 z 在右且 y 由 u 和 v 构成；u 在左 v 在右，那么 x 就由'u 和 w 构成；u 在左 w 在右而 w 又由 v 和 z 构成，v 在左 z 在右。这正是图 2.1.1 中（b）所图示的内容。

定义 2.1.4（L 的模型 M_L）L 的模型 M_L 是一个二元组 $\langle F_L, f_L \rangle$，其中 F_L 是 L 的框架，f_L 则是一个从原子公式到 W_L 子集的映射。

定义 2.1.5（模型 M_L 下的解释）在模型 M_L 的基础上，f_L 能够通过如下的方式被扩充成为对 L 中所有公式的解释：

[1] $\| A \|_{ML} = f_L(A)$ 当且仅当 $A \in \{NP, N, S\}$

[2] $\| A \otimes B \|_{ML} = \{x \mid \exists y \exists z \, (y \in \| A \|_{ML} \wedge z \in \| B \|_{ML} \wedge R_L xyz)\}$

[3] $\| A, B \|_{ML} = \{x \mid \forall y \forall z \, (y \in \| A \|_{ML} \wedge R_L zyx \rightarrow z \in \| B \|_{ML})\}$

[4] $\| A/B \|_{ML} = \{x \mid \forall y \forall z \, (y \in \| B \|_{ML} \wedge R_L zxy \rightarrow z \in \| A \|_{ML})\}$

[5] $\| A \backslash B \|_{ML} = \{x \mid \exists y \exists z \, (y \in \| A \|_{ML} \wedge z \in \| B \|_{ML} \wedge R_L xyz)\}$

定义 2.1.6（有效性）对于 L 的任意模型 M_L 以及 L 中的任意非空公式集 X 和公式 A，$\models X \Rightarrow^{①} A$，当且仅当 $\| X \|_{ML} \subseteq \| A \|_{ML}$。

道森（K. Došen, 1992）证明，相对于定义 2.1.3 中所定义的框架而言，L 既是可靠的也是完全的，其证明过程可被简述如下：

定理 2.1.7（L 的可靠性）如果 $\vdash_L X \Rightarrow A$，那么 $\models X \Rightarrow A$。

证明：我们对 L 公理表示中的推导长度施归纳。

当推导的长度为 1 时，我们推导所得的就是系统 L 中的公理或结构假设。此时由于同一公理是有效的，由框架 F_L 中对 R_L 所施加的两个条件而使得结合假设具有有效性，所以此时结论成立。

假设当推导长度为 n-1 时结论成立，现证当推导长度为 n 时结论也成立。

从长度为 n – 1 的推导到长度为 n 的推导，我们可用的规则只有 Cut 规则和冗余规则。现以冗余规则的一部分为例说明推导规则保持有效性。

[1] 从 $A \otimes B \rightarrow C$ 得到 $A \rightarrow C/B$

---

① 本小节中，符号"⇒"表示的是公理系统中表示推出关系的横线"——"。

假定第 n－1 步得到的是形如 A ⊗B→C 的公式，那么由归纳假设可得⊨ A ⊗B→C，即 ‖ A ⊗B ‖ $_{ML}$⊆ ‖ C ‖ $_{ML}$，只要证明⊨ A→C/B，即 ‖ A ‖ $_{ML}$⊆ ‖ C/B ‖ $_{ML}$便可得该规则保持有效性的结论。

假设对于 W_L 中任意的 y 而言，y ∈‖ A ‖ $_{ML}$，那么我们要证 y ∈‖ C/B ‖ $_{ML}$，即对于 W_L 中任意的 z 和 x 而言 z ∈‖ B ‖ $_{ML}$∧$R_L$xyz→x ∈‖ C ‖ $_{ML}$。

由于 ‖ A ⊗B ‖ $_{ML}$⊆ ‖ C ‖ $_{ML}$，所以对于 W_L 中任意的 x 而言，若∃y ∃z（y ∈‖ A ‖ $_{ML}$∧z ∈‖ B ‖ $_{ML}$∧$R_L$xyz），那么 x ∈‖ C ‖ $_{ML}$，则可得结论成立。

［2］从 A→C/B 得到 A ⊗B→C

假定第 n－1 步得到的是形如 A→C/B 的公式，那么由归纳假设可得⊨ A→C/B，即 ‖ A ‖ $_{ML}$⊆ ‖ C/B ‖ $_{ML}$，只要证明⊨ A ⊗B→C，即 ‖ A ⊗B ‖ $_{ML}$⊆ ‖ C ‖ $_{ML}$便可得该规则保持有效性的结论。

假设对于 W_L 中任意的 x 而言，x ∈‖ A ⊗B ‖ $_{ML}$，那么我们要证 x ∈‖ C ‖ $_{ML}$，即从存在 W_L 中的元素 y 和 z 满足 y ∈‖ A ‖ $_{ML}$∧z ∈‖ B ‖ $_{ML}$∧$R_L$xyz 要证 x ∈‖ C ‖ $_{ML}$。

由于 ‖ A ‖ $_{ML}$⊆ ‖ C/B ‖ $_{ML}$，所以对于 W_L 中任意的 y 而言，y ∈‖ A ‖ $_{ML}$蕴含 y ∈‖ C/B ‖ $_{ML}$，即∀x ∀z（z ∈‖ B ‖ $_{ML}$∧$R_L$xyz→x ∈‖ C ‖ $_{ML}$），所以此时结论可得。

所以，可证的如果 ⊢$_L$X ⇒A，那么⊨ X ⇒A。

定理 2.1.8（L 的完全性）如果⊨ X ⇒A，那么 ⊢$_L$X ⇒A。

证明：首先，构造典范模型 M_{CML}，M_{CML} = ⟨W_{CML}，R_{CML}，f_{CML}⟩且满足下面的三个条件：

［1］W_{CML}是 L 中公式类型构成的集合

［2］R_{CML}是 W_{CML}上的三元关系其满足结合性和下面的条件，即 R_{CML}ABC 当且仅当 ⊢$_L$A ⇒B ⊗C

［3］函数 f_{CML}可被定义如下：f_{CML}(A) = {B ∣ ⊢$_L$B ⇒A} A ∈{NP，N，S}

其次，证明真值引理，即对于任意公式类型 A、B，下面的结论成立：A ∈‖ B ‖ 当且仅当 ⊢$_L$A ⇒B

施归纳于 B 中联结词出现的数量。当 B 中联结词出现的数量为 0 时，B 为一原子公式，此时由函数 f_{CML}的定义可得结论成立。

假设当 B 中联结词出现的数量为 n－1 时结论成立，求 B 中联结词出现的数量为 n 时结论也成立。此时 $B = E \otimes F$ 或 $B = E \backslash F$ 或 $B = E/F$。我们以 $B = E \otimes F$ 为例说明此时结论成立。

[1] 从左到右

假设 $A \in \parallel E \otimes F \parallel$，则存在 A' 和 A'' 满足条件 $A' \in \parallel E \parallel_{MCML} \wedge A'' \in \parallel F \parallel_{MCML} \wedge R_{CML} AA'A''$，由归纳假设可得 $\vdash_L A' \Rightarrow E$ 且 $\vdash_L A'' \Rightarrow F$；由 R_{CML} 定义可得 $\vdash_L A \Rightarrow A' \otimes A''$。又因为积算子是向上单调的，所以可得 $\vdash_L A \Rightarrow E \otimes F$。

[2] 从右到左

假设 $\vdash_L A \Rightarrow E \otimes F$，则由 R_{CML} 定义可得 $R_{CML} AEF$。由归纳假设得 $E \in \parallel E \parallel$ 且 $F \in \parallel F \parallel$，所以可得 $A \in \parallel E \otimes F \parallel$。

最后，证明结论的逆否命题。

先给出积算子 $\otimes$ 的封闭性定义

[1] $\sigma(p) = p$

[2] $\sigma(X, A) = \sigma(X) \otimes A$

假设 $\vdash_L X \Rightarrow A$，那么 $\vdash_L \sigma(X) \Rightarrow A$，所以 $\sigma(X) \notin \parallel A \parallel$。又因为 $\sigma(X) \in \parallel \sigma(X) \parallel$，所以 $\sigma(X) \Rightarrow A$ 不是有效的，即 $X \Rightarrow A$ 不是有效的。

2.1.2　L的树模式表示与自然推演表示

在 L 的树模式表示、自然推演表示以及 Gentzen 表示中，最重要的一个特点就是能够实现句法语义的并行推演，其中语义上的推演是借助于有类型的 λ 演算来实现的，所以在给出 L 的树模式表示和自然推演表示之前，我们首先说明 L 的类型论解释。

范畴类型逻辑是逻辑学与语言学的交叉学科，所以直观上来说，范畴类型逻辑系统中的公式也可被视为语言句法中的不同范畴，而系统中的公式集则可被视为范畴集。① 如果用 B 和 CAT(B) 分别表示 L 的基础范畴集和范畴集，那么我们可将范畴集递归定义如下：

定义 2.1.9 （范畴集 CAT(B)）范畴集 CAT(B) 可被递归定义如下：

[1] $B \subseteq CAT(B)$

----

① 有的范畴类型逻辑系统区分公式与范畴，所以其系统中使用小写的 np、n、s 等表示公式，而大写的 N、NP、S 等则被用于表示范畴，但是第 2 章中将不作此区分，即将范畴等同于公式并统一用大写字母表示。

［2］ 如果 A、B ∈ CAT(B)，那么 A ⊗B、A/B、A \ B ∈ CAT(B)

［3］ 除上述两种情况外，不存在其他的范畴属于 CAT(B)

一般而言，B = {NP, N, S}

如果使用 BTYPE 和 TYPE 分别表示基本类型集和类型集，那么类型集可被递归定义如下：

定义 2.1.10（类型集 TYPE）类型集 TYPE 可被定义如下：

［1］ BTYPE ⊆ TYPE

［2］ 如果 A、B ∈ TYPE，那么 A ∧B、A→B[①] ∈ TYPE

［3］ 除上述两种情况外，不存在其他的类型属于 TYPE

一般而言，BTYPE = {e, t}

定义 2.1.11（有类型λ演算的语法）

［1］ 类型 A 中所有的变项都是类型为 A 的项

［2］ 如果 M：A→B 并且 N：A，那么（MN）：B

［3］ 如果 M：A 并且 x：B，那么λxM：B→A

［4］ 如果 M：A 并且 N：B，那么⟨M, N⟩：A ∧B

［5］ 如果 M：A ∧B，那么（M)$_0$：A 且（M)$_1$：B

定义 2.1.12（范畴与类型的对应）如果令τ为一个从 CAT(B) 到 TYPE 的函数，那么τ为一个对应函数当且仅当下面的两个条件被满足：

［1］ τ(A ⊗B) = τ(A) ∧τ(B)

［2］ τ(B/A) = τ(A \ B) = ⟨τ(A), τ(B) ⟩

范畴类型逻辑中，通过对范畴匹配λ词项并在进行语法推导时使用范畴、类型并行推导的方法就能达到句法、语义并行推演的目的。而借助于有类型的λ演算的语义还可以进一步给出语法演算语义解释。

定义 2.1.13（语义论域函数 Dom）函数 Dom 是一个语义论域函数（semantic domain function）当且仅当下面的条件被满足：

［1］ Dom 的论域是集合 TYPE

［2］ 对于所有属于 TYPE 的 A，Dom（A）非空

［3］ Dom（A→B) = Dom（B)$^{\text{Dom}(A)}$

［4］ Dom（A ∧B) = Dom（A)∩Dom（B)

定义 2.1.14（解释函项）给定一个变项指派函项 g，其为类型 A 中

---

① "A→B"也可表示为⟨A, B⟩。

的变项指派 Dom（A）中的元素。这一指派 g 能够通过如下的定义而扩充成为所有项的解释函项 $\|\cdot\|$：

[1] $\|x\|_g = g(x)$

[2] $\|(MN)\|_g = \|M\|_g(\|N\|_g)$

[3] $\|\lambda x M\|_g = \{\langle a, \|M\|_{g[x\to a]}\rangle \mid x$ 类型为 A 且 $a \in$ Dom（A）$\}$①

[4] $\|\langle MN\rangle\|_g = \langle\|M\|_g, \|N\|_g\rangle$

[5] $\|(M)_0\|_g =$ 唯一那个满足条件 $\exists b(\|M\|_g = \langle a, b\rangle)$ 的 a

[6] $\|(M)_1\|_g =$ 唯一那个满足条件 $\exists b(\|M\|_g = \langle b, a\rangle)$ 的 a

柯里 - 霍华德对应（Curry-Howard Correspondence）定理是子结构逻辑（substructure logic）中的一个重要结论。这一定理说明在有类型的 λ 演算与子结构逻辑中不同系统中的内定理推导之间存在一一对应关系。作为子结构逻辑中的一支，结合的兰贝克演算自然也能体现出这一定理的要求。也正因有这一结果的出现，我们才能放心地使用有类型的 λ 演算并达到句法语义的并行推演。对这一问题感兴趣的读者可参考柯里和费斯（H. Curry and R. Feys，1958）、霍华德（W. Howard，1969）等的相关研究。

下面我们就分别说明 L 的树模式表示和自然推演表示：

定义 2.1.15（L 的树模式表示）

────────

① g［x→a］表示一个指派函数，除了将 x 指派给 a 外，其与函数 g 相同。

$$
\begin{array}{c}
\rule{3cm}{0.4pt}\ i \\
:\quad :\quad x:A \\
:\quad :\quad : \\
:\quad :\quad : \\
\rule{5cm}{0.4pt} \\
M:B \\
\rule{4cm}{0.4pt}\ /I,\ i \\
\lambda xM:B/A
\end{array}
\qquad
\begin{array}{c}
x:A/B \qquad y:B \\
\rule{6cm}{0.4pt}\ /E \\
(xy):B
\end{array}
$$

定义 2.1.16（L 的自然推演表示）

$$
\frac{}{x:A\Rightarrow x:A}\ id
\qquad
\frac{X\Rightarrow M:A \quad Y,\,x:A,\,Z\Rightarrow N:B}{Y,\,X,\,Z\Rightarrow N\,[M/x]:B}\ Cut
$$

$$
\frac{X\Rightarrow M:A \quad Y\Rightarrow N:B}{X,\,Y\Rightarrow\langle M,N\rangle:A\otimes B}\ \otimes I
\qquad
\frac{X\Rightarrow M:A\otimes B \quad Y,\,x:A,\,y:B,\,Z\Rightarrow N:C}{Y,\,X,\,Z\Rightarrow N\,[(M)_0/x]\,[(M)_1/y]:C}\ \otimes E
$$

$$
\frac{X,\,x:A\Rightarrow M:B}{X\Rightarrow \lambda xM:B/A}\ /I
\qquad
\frac{X\Rightarrow M:A/B \quad Y\Rightarrow N:B}{X,\,Y\Rightarrow MN:A}\ /E
$$

$$
\frac{x:A,\,X\Rightarrow M:B}{X\Rightarrow \lambda xM:A\backslash B}\ \backslash I
\qquad
\frac{X\Rightarrow M:A \quad Y\Rightarrow N:A\backslash B}{X,\,Y\Rightarrow NM:B}\ \backslash E
$$

2.1.3　L 的 Gentzen 表示

定义 2.1.17（L 的 Gentzen 表示）

$$\frac{}{x\colon A \Rightarrow x\colon A}\ \text{id} \qquad \frac{X \Rightarrow M\colon A \quad Y, x\colon A, Z \Rightarrow N\colon B}{Y, X, Z \Rightarrow N\,[M/x]\colon B}\ \text{Cut}$$

$$\frac{X \Rightarrow M\colon A \quad Y \Rightarrow N\colon B}{X, Y \Rightarrow \langle M, N \rangle\colon A \otimes B}\ \otimes R \qquad \frac{X, x\colon A, y\colon B, Y \Rightarrow M\colon C}{X, z\colon A \otimes B, Y \Rightarrow M\,[(z)_0/x]\,[(z)_1/y]\colon C}\ \otimes L$$

$$\frac{X, x\colon A \Rightarrow M\colon B}{X \Rightarrow \lambda xM\colon B/A}\ /R \qquad \frac{X \Rightarrow M\colon A \quad Y, x\colon B, Z \Rightarrow N\colon C}{Y, y\colon B/A, X, Z \Rightarrow N\,[(yM)\,/x]\colon C}\ /L$$

$$\frac{x\colon A, X \Rightarrow M\colon B}{X \Rightarrow \lambda xM\colon A \backslash B}\ \backslash R \qquad \frac{X \Rightarrow M\colon A \quad Y, x\colon B, Z \Rightarrow N\colon C}{Y, X, y\colon A \backslash B, Z \Rightarrow N\,[(yM)\,/x]\colon C}\ \backslash L$$

L 的 Gentzen 表示具有可判定性和有穷可读性（finite reading property）这两个非常好的性质。下文中将要给出的就是这两个结论的证明概要。

定理 2.1.18（Cut 消去定理）在 L 的 Gentzen 表示中，如果 X ⇒A 可证，那么就会存在 X ⇒A 的一个不使用 Cut 规则的证明。

证明：首先定义公式以及公式系列（或公式集）的复杂度。一个公式或公式系列的复杂度就是其中所出现的符号的数量。如果令 d 表示复杂度，那么公式 A 以及公式序列Γ的复杂度可被分别表示为 d(A) 和 d(Γ)，而一个 Cut 规则的复杂度，则是这一规则中所出现的公式或公式序列的复杂度之和。

Cut 消去定理的证明思路是，将应用了 Cut 规则的证明转化为不应用 Cut 规则的证明或者应用了一个或两个复杂度更低的 Cut 规则的证明。在第二种情况下，由于 Cut 规则的复杂度总是有穷且非负的，所以不断对 Cut 规则的应用进行转化，就能得到不使用 Cut 规则的证明。

其次引入证明中将使用到的术语。Cut 规则中，在前提中出现但在结论中却被消去的公式被称为 Cut 公式；在 L 的 Gentzen 表示中，每一条逻辑规则都引入了一个新的公式，而结论中其他的公式则都已经在前提中出现，这一被引入的新公式就被称为新生公式（active formula）。

最后分情况讨论。在一个使用了 Cut 规则的证明中，总会存在至少这样一个 Cut 规则的应用，其不被其他的 Cut 规则的应用所支配（或影响）。这样的 Cut 规则的应用被称为主 Cut（principle cut），我们可以区分主 Cut 的如下三种情况进行讨论①：

　　［1］Cut 规则的应用中至少一个前提是同一公理

　　［2］Cut 规则的应用中的两个前提都是由逻辑规则应用而得且 Cut 公式在这两个前提中都是新生公式

　　［3］Cut 规则的应用中的两个前提都是由逻辑规则应用而得且 Cut 公式在一个前提中不是新生公式

　　情况［1］(i) 当左前提为同一公理时，证明形式如下：

$$\frac{A \Rightarrow A \qquad Y, A, Z \Rightarrow B}{Y, A, Z \Rightarrow B} \text{Cut}$$

　　（ii）当右前提为同一公理时，证明形式如下：

$$\frac{X \Rightarrow A \qquad A \Rightarrow A}{X \Rightarrow A} \text{Cut}$$

　　由此可得，在情况［1］中，结论总是前提之一，所以 Cut 规则的应用可直接消去而直接在证明中使用原 Cut 规则的应用中的左前提或右前提即可。

　　情况［2］我们以 Cut 规则应用中左右前提分别使用逻辑规则/R 和/L 以及⊗R 和⊗L 的情况为例进行证明。

　　（i）当 Cut 规则应用中左前提使用/R 规则得到且右前提使用/L 规则得到时，证明形式如下：

---

① 此处省略了λ词项。下面的一些证明中也会存在这种省略λ词项的情况。

$$\frac{X, A \Rightarrow B}{X \Rightarrow B/A} /R \qquad \frac{M \Rightarrow A \quad Y, B, Z \Rightarrow C}{Y, B/A, M, Z \Rightarrow C} /L$$

$$\frac{}{Y, X, M, Z \Rightarrow C} Cut$$

其可转化为下面的证明

$$\frac{X, A \Rightarrow B \quad Y, B, Z \Rightarrow C}{Y, X, A, Z \Rightarrow C} Cut$$

$$\frac{M \Rightarrow A \qquad Y, X, A, Z \Rightarrow C}{Y, X, M, Z \Rightarrow C} Cut$$

（ii）当 Cut 规则应用中左前提使用⊗R 规则得到且右前提使用⊗L 规则得到时，证明形式如下：

$$\frac{X \Rightarrow A \quad Y \Rightarrow B}{X, Y \Rightarrow A \otimes B} \otimes R \qquad \frac{N, A, B, M \Rightarrow C}{N, A \otimes B, M \Rightarrow C} \otimes L$$

$$\frac{}{N, X, Y, M \Rightarrow C} Cut$$

其可转化为下面的证明

$$\frac{Y \Rightarrow B \quad N, A, B, M \Rightarrow C}{N, A, Y, M \Rightarrow C} Cut$$

$$\frac{X \Rightarrow A \qquad N, A, Y, M \Rightarrow C}{N, X, Y, M \Rightarrow C} Cut$$

由公式以及公式序列复杂性的定义可知，在上面的两种情况下原证明使用的 Cut 规则应用都被转化为了复杂度更低的两个 Cut 规则应用。

情况 [3] 我们以 Cut 规则应用中右前提使用了 $\otimes R$ 规则以及左前提使用了 /L 规则的情况为例进行证明。

（i）Cut 规则应用中右前提使用了 $\otimes R$ 规则

$$
\cfrac{U \Rightarrow X \qquad \cfrac{X \Rightarrow A \quad Y \Rightarrow B}{X,\ Y \Rightarrow A \otimes B} \otimes R}{U,\ Y \Rightarrow A \otimes B} \text{Cut}
$$

其可转化为下面的证明

$$
\cfrac{\cfrac{U \Rightarrow X \quad X \Rightarrow A}{U \Rightarrow A} \text{Cut} \qquad Y \Rightarrow B}{U,\ Y \Rightarrow A \otimes B} \otimes R
$$

（ii）Cut 规则应用中左前提使用了 /L 规则

$$
\cfrac{\cfrac{X \Rightarrow A \qquad Y,\ B,\ Z \Rightarrow C}{Y,\ B/A,\ X,\ Z \Rightarrow C} /L \qquad C,\ M \Rightarrow D}{Y,\ B/A,\ X,\ Z,\ M \Rightarrow D} \text{Cut}
$$

其可转化为下面的证明

$$
\cfrac{Y,\ B,\ Z \Rightarrow C \quad C,\ M \Rightarrow D}{} \text{Cut}
$$

$$X \Rightarrow A \qquad Y, B, Z, M \Rightarrow D$$

$$\overline{\qquad\qquad\qquad\qquad\qquad\qquad\qquad\qquad\qquad} /L$$

$$Y, B/A, X, Z, M \Rightarrow D$$

由公式以及公式序列复杂性的定义可知，在上面的两种情况下证明中原使用的 Cut 规则应用也都被转化为了复杂度更低的一个 Cut 规则应用。

定理 2.1.19 **（子公式性）** L 的 Gentzen 表示里，Cut 规则除外，出现在逻辑规则前提中的每一个公式都在结论中以某一公式的子公式的身份出现。

证明：施归纳于 L 的 Gentzen 表示中的每一条逻辑规则（Cut 规则除外）即可得所求结论。

定理 2.1.20 **（可判定性）** L 的 Gentzen 表示是可判定的

证明：这一结论是兰贝克（J. Lambek，1958）所证得的。任给一公式，我们只要以其为结论向上搜寻其证明过程即可知道它是否是系统中可证得的。因此，可以说，可判定性是定理 2.1.18 和定理 2.1.19 的推论。

推论 2.1.21 **（有穷可读性）** 对于一个给定的未加标的 L 的 Gentzen 演算，其存在至多有穷多个柯里霍华德标记。

证明：详见贾戈尔（G. Jäger，2005）的相关研究。

2.1.4　L 的四种表示的等价性

L 的公理表示、树模式表示、自然推演表示以及 Gentzen 表示之间的等价性证明早已在很多文献中有所提及。本小节中，我们将给出这四种表示间的等价性证明的简要说明。

定理 2.1.22　L 的公理表示与自然推演表示之间具有等价性

证明：［1］证明 L 的公理表示中的公理、推导规则和结构假设都是 L 的自然推演表示中可证的。

（i）同一公理、Cut 规则本就出现在了 L 的自然推演表示中，结合假设使用⊗的封闭性加⊗I 规则可证。

（ii）冗余规则分别对应自然推演表示中的斜线算子引入规则和斜线算子消去规则。

［2］证明 L 的自然推导表示中的推导规则都是 L 的公理表示中可证的。

（i）自然推导表示中的 id 规则和 Cut 规则在公理表示中也对应出现。

（ii）⊗I 规则由下面的⊗单调性规则可证；⊗E 规则由 Cut 公理加⊗封闭性可证。

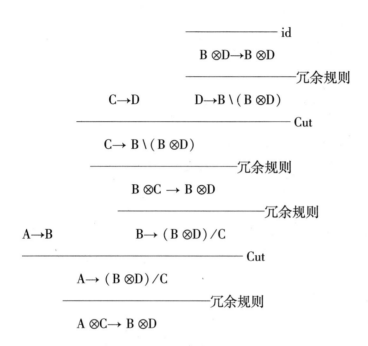

（iii）/I 规则、\I 规则以及/E 规则、\E 规则分别对应公理表示中的冗余规则以及⊗的运算性质，即 A/B ⊗B = A、A ⊗A \ B = B。

定理 2.1.23　L 的自然推演表示与 Gentzen 表示之间具有等价性

证明：[1] L 的自然推演表示中的推导规则在 Gentzen 表示中都可证。

（i）自然推演表示中的同一规则和 Cut 规则在 Gentzen 表示中本就存在对应版本。

（ii）Gentzen 表示中的⊗R 规则、/R 规则以及 \ R 规则分别是自然推演表示中的⊗I 规则、/I 规则以及 \ I 规则的 Gentzen 表示对应版本。

（iii）自然推演表示中的⊗E 规则可在 Gentzen 表示中被用如下的方法证明。

$$\cfrac{\cfrac{Y,A,B,Z \Rightarrow C}{X \Rightarrow A \otimes B \qquad Y,A \otimes B,Z \Rightarrow C} \otimes L}{Y,X,Z \Rightarrow C} \ Cut$$

（iv）自然推演表示中的/E 规则和 \ E 规则可在 Gentzen 表示中用⊗R 规则加⊗的运算性质证得。

[2] L 的 Gentzen 表示中的推导规则在自然推演表示中都可证。

（i）L 的 Gentzen 表示中的同一规则、Cut 规则、⊗R 规则、R 规则以及/R 规则在自然推演表示中都分别存在其对应版本。

（ii）Gentzen 表示中的⊗L 规则在自然推演表示中可被证明如下：

$$\cfrac{\cfrac{}{A \otimes B \Rightarrow A \otimes B} \ id \qquad X,A,B,Y \Rightarrow C}{X,A \otimes B,Y \Rightarrow C} \ \otimes E$$

（iii）Gentzen 表示中的 L 规则和/L 规则在自然推演表示中可被证明如下：

$$\cfrac{\cfrac{\cfrac{\cfrac{}{B/A \Rightarrow B/A} \ id \quad X \Rightarrow A}{B/A,X \Rightarrow B/A \otimes A} \ \otimes I}{B/A,X \Rightarrow B} \ \otimes 的运算性质 \qquad Y,B,Z \Rightarrow C}{Y,B/A,X,Z \Rightarrow C} \ Cut$$

Gentzen 表示中的 L 规则在自然推演表示中也可用上述方法证明。

定理2.1.24 L 的树模式表示与自然推演表示之间具有等价性

证明：这一定理的证明较为简单，有兴趣的读者可参见贾戈尔（G. Jäger，2005）和莫瑞尔（G. Morrill，1994）的相关研究。

推论 2.1.25　L 的四种表示方式之间都是等价的。

证明：由定理 2.1.22、定理 2.1.23 以及定理 2.1.24 可得。

2.2　带受限缩并规则的兰贝克演算

2.2.1　结构的层级以及其对回指照应问题的影响

命题逻辑中包含如下三条结构规则，分别是：

[1] 单调（monotonicity）规则　　　　　[2] 缩并（contraction）规则

$$\frac{X \Rightarrow A}{X, B \Rightarrow A} \text{ M} \qquad\qquad \frac{X, A, A, Y \Rightarrow B}{X, A, Y \Rightarrow B} \text{ C}$$

[3] 交换（permutation）规则

$$\frac{X, A, B, Y \Rightarrow C}{X, B, A, Y \Rightarrow C} \text{ P}$$

如果将这三条结构规则逐次消去，那么就可以得到如下表 2.2.1 所示的一个逻辑结构层级表

表 2.2.1

逻辑类型的名称	刻画公理	结构规则
经典命题逻辑	$((A \to B) \to A) \to A$	P、C、M
直觉主义逻辑	$A \to B \to A$	P、C、M
相干逻辑	$(A \to A \to B) \to A \to B$	P、C
线性逻辑	$(A \to B \to C) \to B \to A \to C$	P
兰贝克演算	—	—

在表 2. 2. 1 中可见，单调规则、缩并规则以及交换规则都没有出现在兰贝克演算中。在逻辑结构层级中，兰贝克演算也处于层级很低的位置上。而作为范畴类型逻辑的基础，兰贝克演算没有缩并规则的直接后果就是不能在句法层面上处理词条的多次使用问题。黑普（M. Hepple，1992）以及雅克布森（P. Jacobson，1999、2000）指出这一缺陷就是兰贝克演算本身很难被用来处理照应语的回指照应问题的根本原因之一。

例 2. 2. 1［i］张三给自己刮胡子。

　　　　　［ii］张三给张三刮胡子。

在例 2. 2. 1 的语句［i］中，反身代词"自己"的指称就是"张三"这一专名的指称，即张三其人，所以在例 2. 2. 1 的语句［i］中词条"张三"和"自己"实际上指称相同的对象，这一语句也可被改写为例 2. 2. 1 中的语句［ii］，即张三给张三刮胡子。由此可知，一个代词的意义实际上就是一个同一函数（identity function）。贾戈尔（G. Jäger，2005）也指出一个代词的意义应该就是一个作用在个体上的同一函数。

在这种理解的基础上，我们可以说词条"张三"不但在主语的位置上要与语句的其他成分毗连运算，还被作为反身代词"自己"的先行语使用以给出反身代词的指代，所以这里就涉及了词条的多次使用问题。

不具有缩并规则的兰贝克演算很难被用来处理这种词条多次使用的状况，因此一个自然的想法就是对兰贝克演算进行扩充以容纳缩并规则。但是由于自然语言对于词条出现的顺序以及次数都很敏感，例如语句"张三跑步"就是一个合语法的句子，但是"跑步张三"和"张三张三跑步"则不是，因此对兰贝克演算的这种扩充中必须对缩并规则施加一定的限制，以符合自然语言的这一特性，而这样处理后所得到的就是带受限缩并规则的兰贝克演算。

2. 2. 2　LLC 的公理表示

LLC 即带受限缩并规则的兰贝克演算的缩写。这一演算是贾戈尔在其2005 出版的专著 *Anaphora And Type Logical Grammar* 中给出的。在 LLC 的语言中，贾戈尔增加了竖线算子"丨"，在此基础上，该系统中的公式可被定义如下：

定义 2. 2. 1（L 中的公式 F） F = A，F $\otimes$ F，F/F，F \ F，F 丨 F

L 中原子公式 A $\in$ |NP，N，S|，而复合公式则是在原子公式的基础上

添加不同算子构成的。四个算子中竖线算子"｜"结合力最强。

从直观上来说，带有竖线算子的公式就是系统中的回指照应公式。公式 A｜B 的直观解释就是向前结合一个范畴为 B 的词项之后，词项 A ｜B 的行为方式就像范畴 A 那样。在这种直观解释下，一般反身代词的范畴就可被定义为 NP｜NP，即向前结合一个范畴为 NP 的词项后，词项 NP｜NP 的行为方式就像范畴 NP 那样。

定义 2.2.2（范畴与类型的对应） 如果令 τ 为一个从 CAT（B）到 TYPE 的函数，那么 τ 为一个对应函数当且仅当下面的两个条件被满足：

［1］$\tau(A \otimes B) = \tau(A) \wedge \tau(B)$

［2］$\tau(B/A) = \tau(A \backslash B) = \tau(B｜A) = \langle \tau(A), \tau(B) \rangle$

定义 2.2.3（LLC 的公理表示） LLC 的公式表示是在结合的兰贝克演算 L 的公理表示的基础上增加如下这些公理和推导规则得到的。

新增的公理：

$$A_1: A \otimes B｜C \rightarrow (A \otimes B)｜C$$
$$A_2: A｜B \otimes C \rightarrow (A \otimes C)｜B$$
$$A_3: A｜C \otimes B｜C \rightarrow (A \otimes B)｜C$$
$$A_4: A \otimes B｜A \rightarrow A \otimes B$$

新增的推导规则：

$$R_1: 从 A \rightarrow B 可得 A｜C \rightarrow B｜C$$

定义 2.2.4（LLC 的模型 M_{LLC}） LLC 的模型 M_{LLC} 是一个满足如下条件的六元组 $\langle W_{LLC}, R_{LLC}, S_{LLC}, \sim_{LLC}, f_{LLC}, g_{LLC} \rangle$：

［1］W_{LLC} 是一个非空且由语言符号串构成的集合

［2］R_{LLC} 和 S_{LLC} 是 W_{LLC} 上的三元关系且对于 W_{LLC} 中的任意五个元素 x、y、z、u、v 而言，下面两个条件要被满足：

（i）$R_{LLC}xyz \wedge R_{LLC}zuv \rightarrow \exists w (R_{LLC}wyu \wedge R_{LLC}xwv)$

（ii）$R_{LLC}xyz \wedge R_{LLC}yuv \rightarrow \exists w (R_{LLC}wvz \wedge R_{LLC}xuw)$

［3］$\sim_{LLC} \subseteq W_{LLC} \times W_{LLC}$

［4］f_{LLC}是一个从原子公式到 W_{LLC} 子集的函数

［5］g_{LLC}是一个从 LLC 公式到 W_{LLC} 的函数

［6］对于 W_{LLC} 中的任意五个元素 x、y、z、w、u 而言，下面五个条件要被满足：

（i）$R_{LLC}xyz \wedge S_{LLC}zwu \rightarrow \exists v(S_{LLC}xvu \wedge R_{LLC}vyw)$

（ii）$R_{LLC}xyz \wedge S_{LLC}ywu \rightarrow \exists v(S_{LLC}xvu \wedge R_{LLC}vwz)$

（iii）$R_{LLC}xyz \wedge S_{LLC}ywu \wedge S_{LLC}zvu \rightarrow \exists r(S_{LLC}xru \wedge R_{LLC}rwv)$

（iv）$R_{LLC}xyz \wedge S_{LLC}zwu \wedge y \sim_{LLC} u \rightarrow R_{LLC}xyw$

（v）$\forall A(w \in \| A \|_{MLLC} \rightarrow w \sim_{LLC} g_{LLC}(A))$

如果令 x、y、z 为集合 W_{LLC} 中的任意三个元素，那么 $R_{LLC}xyz$ 所表示的仍然是语言符号串之间的组合关系，即 x 由 y 和 z 构成且 y 在左 z 在右；$S_{LLC}xyz$ 表示的是假定与 z 类似的某一语言符号串做照应语的先行语出现，那么 x 就能被转换成 y；$x \sim_{LLC} y$ 的直观意思是 x 类似于 y，要注意的是这一类似关系不需要是自返、传递且对称的。

条件［2］中的子条件（i）和（ii）是说关系 R_{LLC} 要满足结合性；条件［6］中所给出的五个子条件实际上是为了使得 LLC 中新增加的公理具有有效性。以子条件（i）为例，其是说如果 x 由 y 和 z 构成、y 在左 z 在右而且若 u 以照应语的先行语的身份出现，则 y 就可转换为 w，那么存在语言符号串 v；若 u 以照应语的先行语的身份出现，则 x 就可转换为 v 且 v 由 y 和 w 构成，y 在左 w 在右。这一要求就是要保证新增的第一条公理具有有效性。

定义 2.2.5（模型 M_{LLC} 下的解释） 模型 M_{LLC} 下的解释 $\| \cdot \|$ 可被递归定义如下：

［1］$\| A \|_{MLLC} = f_{LLC}(A)$ 当且仅当 $A \in \{NP, N, S\}$

［2］$\| A \otimes B \|_{MLLC} = \{x \mid \exists y \exists z (y \in \| A \|_{MLLC} \wedge z \in \| B \|_{MLLC} \wedge R_{LLC}xyz)\}$

［3］$\| A \backslash B \|_{MLLC} = \{x \mid \forall y \forall z (y \in \| A \|_{MLLC} \wedge R_{LLC}zyx \rightarrow z \in \| B \|_{MLLC})\}$

［4］$\| A / B \|_{MLLC} = \{x \mid \forall y \forall z (y \in \| B \|_{MLLC} \wedge R_{LLC}zxy \rightarrow z \in \| A \|_{MLLC})\}$

［5］$\| A, B \|_{MLLC} = \{x \mid \exists y \exists z (y \in \| A \|_{MLLC} \wedge z \in \| B \|_{MLLC} \wedge R_{LLC}xyz)\}$

［6］ $\|A\mid B\|_{MLLC} = \{x\mid \exists y\,(y\in \|A\|_{MLLC}\wedge S_{LLC}xyg_{LLC}\,(B))\}$

LLC 中有效性的定义与 L 中相同，即对于 LLC 的任意模型 M_{LLC} 以及 LLC 中的任意非空公式集 X 和公式 A，$\vDash X\Rightarrow A$，当且仅当 $\|X\|_{MLLC}\subseteq \|A\|_{MLLC}$。

定理 2.2.6（LLC 的可靠性） 如果 $\vdash_{LLC}X\Rightarrow A$，那么 $\vDash X\Rightarrow A$。

证明：除了要增加如下的几种新情况外，LLC 的可靠性证明与 L 的可靠性证明几乎相同。

［1］ 在归纳基始部分，要证明 LLC 中新增加的四条公理也是有效的。这四条公理的有效性由定义 2.2.4 中条件［6］的前四个子条件即可保证。下面我们以公理 A_2 为例进行说明。

A_2：$A\mid B\otimes C\rightarrow (A\otimes C)\mid B$

根据有效性的定义，要证明其是有效的，就要证明 $\|A\mid B\otimes C\|_{MLLC}\subseteq \|(A\otimes C)\mid B\|_{MLLC}$，即对集合 W_{LLC} 中的任意元素 x，如果 $x\in \|A\mid B\otimes C\|_{MLLC}$，那么 $x\in \|(A\otimes C)\mid B\|_{MLLC}$。

$x\in \|A\mid B\otimes C\|_{MLLC}$，即 $\exists y\,\exists z\,(y\in \|A\mid B\|_{MLLC}\wedge z\in \|C\|_{MLLC}\wedge R_{LLC}xyz)$。由定义 2.2.5 中第［6］条可得，$\exists y\,\exists z\,(y\in \|A\mid B\|_{MLLC}\wedge z\in \|C\|_{MLLC}\wedge R_{LLC}xyz) = \exists y\,\exists z\,\exists w\,(w\in \|A\|_{MLLC}\wedge S_{LLC}ywg_{LLC}\,(B)\wedge z\in \|C\|_{MLLC}\wedge R_{LLC}xyz)$。

由定义 2.2.4 中条件［6］的子条件（ii）可得 $\exists y\,\exists w\,\exists z\,(w\in \|A\|_{MLLC}\wedge z\in \|C\|_{MLLC}\wedge R_{LLC}ywz\wedge S_{LLC}xyg_{LLC}\,(B))$，即 $x\in \|(A\otimes C)\mid B\|_{MLLC}$。

［2］ 要证明 LLC 中新增加的推导规则具有保真性。

要证明如果 $\|A\|_{MLLC}\subseteq \|B\|_{MLLC}$，那么 $\|A\mid C\|_{MLLC}\subseteq \|B\mid C\|_{MLLC}$，即证明 $\exists y\,(y\in \|A\|_{MLLC}\wedge S_{LLC}xyg_{LLC}\,(C))\rightarrow \exists y\,(y\in \|B\|_{MLLC}\wedge S_{LLC}xyg_{LLC}\,(C))$，而这显然是由前提 $\|A\|_{MLLC}\subseteq \|B\|_{MLLC}$ 保证成立的。

定理 2.2.7（LLC 的完全性） 如果 $\vDash X\Rightarrow A$，那么 $\vdash_{LLC}X\Rightarrow A$。

证明：首先给出典范模型 M_{CMLLC}，$M_{CMLLC} = \langle W_{CMLLC}, R_{CMLLC}, S_{CMLLC}, \sim_{CMLLC}, f_{CMLLC}, g_{CMLLC}\rangle$ 且满足下面的六个条件：

［1］ W_{CMLLC} 是 LLC 中公式类型构成的集合

［2］ R_{CMLLC} 是 W_{CMLLC} 上的三元关系其满足结合性和下面的条件，即 $R_{CMLLC}ABC$ 当且仅当 $\vdash_{LLC}A\Rightarrow B\otimes C$

［3］ S_{CMLLC} 是 W_{CMLLC} 上的三元关系，其满足下面的条件，即 $S_{CMLLC}ABC$ 当且仅当 $\vdash_{LLC}A\Rightarrow B\mid C$

〔4〕函数 f_{CMLLC} 被定义如下：f_{CMLLC}（A）＝ ｛B｜⊢$_{LLC}$ B ⇒A｝A ∈ ｛NP，N，S｝

〔5〕由积算子的结合性可得〈W_{LLC}，R_{LLC}〉是一个结合框架。接下来我们还要证明在典范模型上下面的四个限制条件是成立的：

（i）如果 ⊢$_{LLC}$x ⇒y ⊗z 且 ⊢$_{LLC}$z ⇒w｜u，那么 ⊢$_{LLC}$x ⇒y ⊗w｜u，进而可得 ⊢$_{LLC}$x ⇒（y ⊗w）｜u。

（ii）如果 ⊢$_{LLC}$x ⇒y ⊗z 且 ⊢$_{LLC}$y ⇒w｜u，那么 ⊢$_{LLC}$x ⇒w ⊗z｜u，进而可得 ⊢$_{LLC}$x ⇒（w ⊗z）｜u。

（iii）如果 ⊢$_{LLC}$x ⇒y ⊗z 且 ⊢$_{LLC}$y ⇒w｜u、⊢$_{LLC}$z ⇒v｜u，那么 ⊢$_{LLC}$x ⇒w ⊗v｜u，进而可得 ⊢$_{LLC}$x ⇒（w ⊗v）｜u。

（iv）如果 ⊢$_{LLC}$x ⇒y ⊗z 且 ⊢$_{LLC}$z ⇒w｜y，那么 ⊢$_{LLC}$x ⇒y ⊗w｜y，进而可得 ⊢$_{LLC}$x ⇒y ⊗w。

〔6〕A ~$_{CMLLC}$B 当且仅当 ⊢$_{LLC}$A ⇒B

〔7〕g_{CMLLC}（A）＝A

其次证明真值引理，即在典范模型 M_{CMLLC} 中，对于任意的公式 A、B，A ∈‖ B ‖$_{MCMLLC}$ 当且仅当 ⊢$_{LLC}$A ⇒B。

对 B 中出现的联结词的数目施归纳。当 B 为原子公式时，由典范模型的定义可直接推得结论。假设当 B 中出现的联结词的数目为 n－1 时结论成立，现证明 B 中出现的联结词的数量为 n 时结论也成立。

〔1〕当 B ＝C/D 或 C \ D 或 C ⊗D 且 C、D 中出现的联结词数量和为 n－1 时。可参考定理 2.1.8 中的证明。

〔2〕当 B ＝C｜D 且 C、D 中出现的联结词数量和为 n－1 时。

（i）从左到右

因为 A ∈‖ C｜D ‖$_{MCMLLC}$，所以存在 E 使得 E ∈‖ C ‖$_{MCMLLC}$ 且 S_{CMLLC}AEg_{CMLLC}（D）。由归纳假设得 ⊢$_{LLC}$E ⇒C，由典范模型的构造得 ⊢$_{LLC}$A ⇒E｜D。由 LLC 中新增加的推导规则和 Cut 公理得 ⊢$_{LLC}$A ⇒C｜D。

（ii）从右到左

假定 ⊢$_{LLC}$A ⇒C｜D，由典范模型的构造可得 S_{CMLLC}ACD，进而可得 S_{CMLLC}ACg_{CMLLC}（D）。由归纳假设得 C ∈‖ C ‖$_{MCMLLC}$，所以 A ∈‖ C｜D ‖$_{MCMLLC}$。

最后，证明结论的逆否命题。证明方式同定理 2.1.8。

2.2.3　LLC 的树模式表示和自然推演表示

定义 2.2.8（LLC 的树模式表示）

$$
\frac{x \colon A \qquad y \colon B}{\langle x,\, y \rangle \colon A \otimes B} \otimes I
\qquad\qquad
\frac{x \colon A \otimes B}{(x)_0 \colon A \qquad (x)_1 \colon A} \otimes E
$$

$$
\cfrac{\cfrac{\overline{}\,i}{\begin{array}{ccc} x \colon A & \colon & \colon \\ \colon & \colon & \colon \\ \colon & \colon & \colon \end{array}}}{\cfrac{M \colon B}{\lambda x M \colon A \backslash B}\backslash I, i}
\qquad\qquad
\frac{x \colon A \qquad y \colon A B}{(yx) \colon B} \backslash E
$$

$$
\cfrac{\cfrac{\overline{}\,i}{\begin{array}{ccc} \colon & \colon & x \colon A \\ \colon & \colon & \colon \\ \colon & \colon & \colon \end{array}}}{\cfrac{M \colon B}{\lambda x M \colon B / A}/I, i}
\qquad\qquad
\frac{x \colon A / B \qquad y \colon B}{(xy) \colon B} / E
$$

$$
[x \colon A]\, i \ \cdots \ \frac{y \colon B \mid A}{yx \colon B} \mid E, i
$$

$$
\cfrac{\cfrac{x_1 \colon A_1 \mid B}{x_1 y \colon A_1}i_1}{} \colon
\qquad
\cfrac{\cfrac{x_2 \colon A_2 \mid B}{x_2 y \colon A_2}i_2}{} \colon
\qquad
\cfrac{\cfrac{x_n \colon A_n \mid B}{x_n y \colon A_n}i_3}{} \colon
$$

$$\frac{N \colon C}{\lambda yN \colon C \mid B} \mid I, i_1, i_2, \cdots, i_n$$

定义 2.2.9（LLC 的自然推演表示）

$$\frac{}{x \colon A \Rightarrow x \colon A} \, id \qquad \frac{X \Rightarrow M \colon A \quad Y, x \colon A, Z \Rightarrow N \colon B}{Y, X, Z \Rightarrow N \, [M/x] \colon B} \, Cut$$

$$\frac{X \Rightarrow M \colon A \quad Y \Rightarrow N \colon B}{X, Y \Rightarrow \langle M, N \rangle \colon A \otimes B} \otimes I \qquad \frac{X \Rightarrow M \colon A \otimes B \quad Y, x \colon A, y \colon B, Z \Rightarrow N \colon C}{Y, X, Z \Rightarrow N[(M)_0/x][(M)_1/y] \colon C} \otimes E$$

$$\frac{X, x \colon A \Rightarrow M \colon B}{X \Rightarrow \lambda xM \colon B/A} /I \qquad \frac{X \Rightarrow M \colon A/B \quad Y \Rightarrow N \colon B}{X, Y \Rightarrow MN \colon A} /E$$

$$\frac{x \colon A, X \Rightarrow M \colon B}{X \Rightarrow \lambda xM \colon A\backslash B} \backslash I \qquad \frac{X \Rightarrow M \colon A \quad Y \Rightarrow N \colon AB}{X, Y \Rightarrow NM \colon B} \backslash E$$

$$\frac{Z_i \Rightarrow N_i \colon A_i \mid C \ (1 \leqslant i < n) \quad X, x_1 \colon A_1, Y_1, \cdots, x_n \colon A_n, Y_n \Rightarrow M \colon B}{X, Z_1, Y_1, \cdots, Z_n, Y_n \Rightarrow \lambda z. \ M[(N_i z)/x_1] \colon B \mid C} \mid I$$

$$\frac{X \Rightarrow M \colon A \quad Y \Rightarrow N \colon B \mid A \quad Z, x \colon A, W, y \colon B, U \Rightarrow O \colon C}{Z, X, W, Y, U \Rightarrow O[M/x][(NM)/y] \colon C} \mid E$$

定理 2.2.10　在 LLC 的自然推演表示中，如果 $\vdash_{LLC} X \Rightarrow M \colon A$，那么就会存在一个 $X \Rightarrow M \colon A$ 的不带 Cut 规则的自然推演证明。

证明：该定理的证明思路与定理 2.1.18 的证明思路大体相同。最大的不同点是衡量 Cut 规则每一次应用的复杂度的标准不再是其中所出现的符号的多少，而是 Cut 规则应用中结论的柯里霍华德标记的复杂程度。之所以做这一改变，是为了保证每一次 Cut 消去的步骤都能降低 Cut 规则应用的复杂度，而且 LLC 自然推演表示中的 Cut 消去也能保证柯里霍华德标记（或指派）不变。

2.2.4 LLC 的 Gentzen 表示

定义 2.2.11（LLC 的 Gentzen 表示）

$$\frac{}{x\colon A \Rightarrow x\colon A}\ id \qquad \frac{X \Rightarrow M\colon A \quad Y,\, x\colon A,\, Z \Rightarrow N\colon B}{Y,\, X,\, Z \Rightarrow N[M/x]\colon B}\ Cut$$

$$\frac{X \Rightarrow M\colon A \quad Y \Rightarrow N\colon B}{X,\, Y \Rightarrow \langle M,\, N \rangle\colon A \otimes B}\ \otimes R \qquad \frac{X,\, x\colon A,\, y\colon B,\, Y \Rightarrow M\colon C}{X,\, z\colon A \otimes B,\, Y \Rightarrow M[(z)_0/x][(z)_1/y]\colon C}\ \otimes L$$

$$\frac{X,\, x\colon A \Rightarrow M\colon B}{X \Rightarrow \lambda x M\colon B/A}\ /R \qquad \frac{X \Rightarrow M\colon A \quad Y,\, x\colon B,\, Z \Rightarrow N\colon C}{Y,\, y\colon B/A,\, X,\, Z \Rightarrow N[(yM)/x]\colon C}\ /L$$

$$\frac{x\colon A,\, X \Rightarrow M\colon B}{X \Rightarrow \lambda x M\colon A \backslash B}\ \backslash R \qquad \frac{X \Rightarrow M\colon A \quad Y,\, x\colon B,\, Z \Rightarrow N\colon C}{Y,\, X,\, y\colon A \backslash B,\, Z \Rightarrow N[(yM)/x]\colon C}\ \backslash L$$

$$\frac{X,\, x_1\colon A_1,\, Y_1,\, \cdots,\, x_n\colon A_n,\, Y_n \Rightarrow M\colon B}{X,\, y_1\colon A_1|C,\, Y_1,\, \cdots,\, y_n\colon A_n|C,\, Y_n \Rightarrow \lambda z. M[(y_1 z)/x_1]\cdots[(y_n z)/x_n]\colon B|C}\ |R \quad (n > 0)$$

$$Y \Rightarrow M: B \quad X, x: B, Z, y: A, W \Rightarrow N: C$$

$$\overline{\qquad\qquad\qquad\qquad\qquad\qquad\qquad\qquad\qquad\qquad\qquad\qquad} | L$$

$$X, Y, Z, z: A | B, W \Rightarrow N[M/x][(zM)/y]: C$$

定理 2.2.12   在 LLC 的 Gentzen 表示中，如果 $\vdash_{LLC} X \Rightarrow A$，那么就会存在 $X \Rightarrow A$ 的一个不带 Cut 规则的证明。

证明：这一定理的证明与 L 的 Gentzen 表示中 Cut 消去定理的证明思路大体相同。主要的不同在于主 Cut 的第二种情况下（即 Cut 公式在两个前提中都是新生公式的情况下），要增加如下的两种子情况：

（i）Cut 规则的左前提和右前提分别是应用 | R 规则和 | L 规则得到的。

$$\frac{X, A_1, Y_1, \cdots, A_n, Y_n \Rightarrow B}{X, A_1 | D, Y_1, \cdots, A_n | D, Y_n \Rightarrow B | D} | R \qquad \frac{U \Rightarrow D \quad V, D, Z, B, W \Rightarrow C}{V, U, Z, B | D, W \Rightarrow C} | L$$

$$\overline{\qquad\qquad\qquad\qquad\qquad\qquad\qquad\qquad\qquad\qquad\qquad\qquad\qquad\qquad} \text{Cut}$$

$$V, U, Z, X, A_1 | D, Y_1, \cdots, A_n | D, Y_n, W \Rightarrow C$$

可转换为：

$$\frac{\qquad\qquad}{D \Rightarrow D} \text{id} \quad \frac{X, A_1, Y_1, \cdots, A_n, Y_n \Rightarrow B \quad V, D, Z, B, W \Rightarrow C}{V, D, Z, X, A_1, Y_1, \cdots, A_n, Y_n, W \Rightarrow C} \text{Cut}$$

$$\overline{\qquad\qquad\qquad\qquad\qquad\qquad\qquad\qquad\qquad\qquad\qquad\qquad} | L$$

$$V, D, Z, X, A_1 | D, Y_1, \cdots, A_n, Y_n, W \Rightarrow C$$

$$\vdots$$
$$\vdots$$

$$\overline{\qquad\qquad\qquad\qquad\qquad\qquad\qquad\qquad\qquad\qquad\qquad\qquad} | L$$

$$\frac{U \Rightarrow D \quad V, D, Z, X, A_1 | D, Y_1, \cdots, A_{n-1} | D, Y_{n-1}, A_n, Y_n, W \Rightarrow C}{V, U, Z, X, A_1 | D, Y_1, \cdots, A_n | D, Y_n, W \Rightarrow C} | L$$

(ii) Cut 规则的左前提和右前提都是应用 | R 规则得到的。

$$\frac{X, A_1, Y_1, \cdots, A_n, Y_n \Rightarrow B_1}{X, A_1 \mid D, Y_1, \cdots, A_n \mid D, Y_n \Rightarrow B_1 \mid D} \mid R \qquad \frac{Z, B_1, W_1, \cdots, B_m, W_m \Rightarrow C}{Z, B_1 \mid D, W_1, \cdots, B_m \mid D, W_m \Rightarrow C \mid D} \mid R$$

$$\frac{}{Z, X, A_1 \mid D, Y_1, \cdots, A_n \mid D, Y_n, W_1, B_2 \mid D, W_2, \cdots, B_m \mid D, W_m \Rightarrow C \mid D} \text{Cut}$$

可转换为:

$$\frac{X, A_1, Y_1, \cdots, A_n, Y_n \Rightarrow B_1 \qquad Z, B_1, W_1, \cdots, B_m, W_m \Rightarrow C}{Z, X, A_1, Y_1, \cdots, A_n, Y_n, W_1, B_2, W_2, \cdots, B_m, W_m \Rightarrow C} \text{Cut}$$

$$\frac{}{Z, X, A_1 \mid D, Y_1, \cdots, A_n \mid D, Y_n, W_1, B_2 \mid D, W_2, \cdots, B_m \mid D, W_m \Rightarrow C \mid D} \mid R$$

在定理 2.2.12 的基础上，可直接得到如下的三个推论。

推论 2.2.13 LLC 的 Gentzen 表示是可判定的。

推论 2.2.14 LLC 的 Gentzen 表示具有子公式性。

推论 2.2.15 LLC 具有有穷可读性。

2.2.5　LLC 四种表示之间的等价性

LLC 四种表示之间的等价性证明在贾戈尔（G. Jäger, 2005）的研究中就已给出，这里我们仅说明等价性证明中的一些关键性步骤。

定义 2.2.16（积算子的封闭性）

[1] $\sigma(p) = p$

[2] $\sigma(A_1, \cdots, A_n) = A_1 \otimes \cdots \otimes A_n$

[3] $\sigma(X_1, \cdots, X_n) = \sigma(\sigma(X_1), \cdots, \sigma(X_n))$

如果此处的公式都是带有柯里霍华德标记的公式，那么积算子的封闭性可被表示如下:

[1] $\sigma(M : p) = M : p$

[2] $\sigma(M_1 : A_1, \cdots, M_n : A_n) = \langle M_1, \cdots, M_n \rangle : A_1 \otimes \cdots \otimes A_n$

[3] $\sigma(X_1, \cdots, X_n) = \sigma(\sigma(X_1), \cdots, \sigma(X_n))$

定理 2.2.17   LLC 的公理表示与自然推演表示之间具有等价性。

证明：[1] 证明 LLC 的公理表示中的公理和推导规则都是 LLC 的自然推演表示中可证的。

以 LLC 中新增的前两条公理为例：

$$\cfrac{\cfrac{}{B \mid C \Rightarrow B \mid C}\text{id} \qquad \cfrac{}{A \otimes B \Rightarrow A \otimes B}\text{id}}{A \otimes B \mid C \Rightarrow (A \otimes B) \mid C} \mid I$$

$$\cfrac{\cfrac{}{A \mid B \Rightarrow A \mid B}\text{id} \qquad \cfrac{}{A \otimes C \Rightarrow A \otimes C}\text{id}}{A \mid B \otimes C \Rightarrow (A \otimes C) \mid B} \mid I$$

[2] 证明 LLC 的自然推演表示中的推导规则都是 LLC 的公理表示中可证的。

定理 2.2.18   LLC 的自然推演表示与 Gentzen 表示之间具有等价性。

证明：[1] LLC 的自然推演表示中的推导规则在 Gentzen 表示中都可证。以 | I 和 | E 规则为例：

$$\cfrac{Z_i \Rightarrow A_i \mid C \ (1 \leqslant i < n) \qquad \cfrac{X, A_1, Y_1, \cdots, A_n, Y_n \Rightarrow B}{X, A_1 \mid C, Y_1, \cdots, A_n \mid C, Y_n \Rightarrow B \mid C} \mid R}{X, Z_1, Y_1, \cdots, Z_n, Y_n \Rightarrow B \mid C} \text{Cut（使用 n 次）}$$

$$\cfrac{Y \Rightarrow B \mid A \qquad \cfrac{X \Rightarrow A \qquad Z, A, W, B, U \Rightarrow C}{Z, X, W, B \mid A, U \Rightarrow C} \mid L}{Z, X, W, Y, U \Rightarrow C} \text{Cut}$$

[2] LLC 的 Gentzen 表示中的推导规则在 LLC 的自然推演表示中都可证。以 | R 和 | L 规则为例：

$$
\cfrac{
\cfrac{}{A_1 \mid C \Rightarrow A_1 \mid C} \ id \quad X, A_1, Y_1, \cdots, A_n, Y_n \Rightarrow B}
{X, A_1 \mid C, Y_1, \cdots, A_n, Y_n \Rightarrow B \mid C} \ | \ I
$$

$$
\vdots
$$

$$
\cfrac{
\cfrac{}{A_n \mid C \Rightarrow A_n \mid C} \ id \quad
\cfrac{X, A_1 \mid C, Y_1, \cdots, A_{n-1} \mid C, Y_{n-1}, A_n, Y_n \Rightarrow B \mid C}{} \ | \ I}
{X, A_1 \mid C, Y_1, \cdots, A_n \mid C, Y_n \Rightarrow B \mid C} \ | \ I \quad (n > 0)
$$

$$
\cfrac{Y \Rightarrow B \quad \cfrac{}{A \mid B \Rightarrow A \mid B} \ id \quad X, B, Z, A, W \Rightarrow C}
{X, Y, Z, A \mid B, W \Rightarrow C} \ | \ E
$$

定理 2.2.19　LLC 的树模式表示与 Gentzen 表示之间具有等价性。

证明：详见贾戈尔（G. Jäger, 2005）的相关研究。

推论 2.2.20　LLC 的四种表示方式之间都是等价的。

证明：由定理 2.2.17、定理 2.2.18 以及定理 2.2.19 可得。

2.2.6　LLC 在语言学中的应用以及其他方案

本小节中，我们将利用 LLC 的树模式表示来说明其是如何解释英语中反身代词照应回指现象的。首先来看下面的这几个例子：

例 2.2.2　[i] John admires himself.

[ii] John thinks Mary likes himself.

[iii] John introduced himself to Mary.

[iv] John dedicated the book to himself.

在例2.2.2中，四个句子都包含反身代词"himself"，而这一反身代词在语句中所处的位置也不尽相同，如在语句［i］中"himself"处于宾语的位置上，而语句［iii］中反身代词"himself"则处于双宾语之一的位置上。针对这些情况，我们可以使用LLC对其进行如下的分析。

［i］John admires himself.

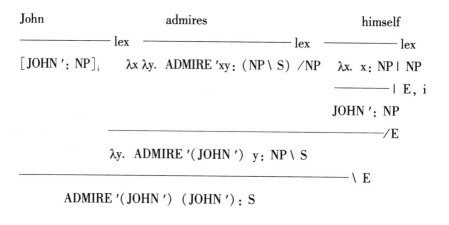

［ii］John thinks Mary likes himself.

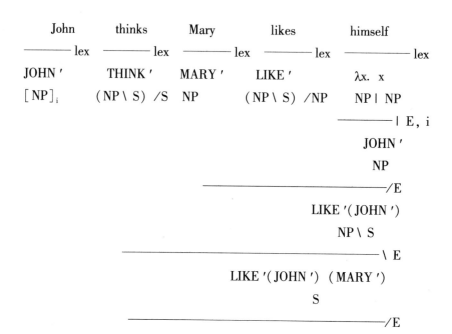

$$\text{THINK '(LIKE '(JOHN ') (MARY '))}$$
$$\text{NP} \backslash \text{S}$$

———————————————————————————— \ E

$$\text{THINK '(LIKE '(JOHN ') (MARY ')) (JOHN ')}$$
$$\text{NP}$$

[iii] John introduced himself to Mary.

John	introduced	himself	to	Mary
——— lex	——— lex	——— lex	——— lex	——— lex
JOHN '	INTRODUCE '	λx. x	TO '	MARY '
[NP]$_i$	(NP \ S) /PP/NP	NP	NP	PP/NP	NP

——— | E, i ——————————————/E

$$\text{JOHN '} \qquad \text{TO '(MARY ')}$$
$$\text{NP} \qquad\qquad \text{PP}$$

——————————————————/E

$$\text{INTRODUCE '(JOHN ')}$$
$$\text{(NP \ S) /PP}$$

————————————————————————/E

$$\text{INTRODUCE '(JOHN ') (TO 'MARY ')}$$
$$\text{NP} \backslash \text{S}$$

———————————————————————————— \ E

$$\text{INTRODUCE '((JOHN ') (TO 'MARY ')) (JOHN ')}$$
$$\text{S}$$

[iv] John dedicated the book to himself.

John	dedicated	the book	to	himself
——— lex	——— lex	——— lex	——— lex	——— lex
JOHN '	INTRODUCE '	THE BOOK '	TO '	λx. x
[NP]$_i$	(NP \ S) /PP/NP	NP	PP/NP	NP	NP

——————————| E, i

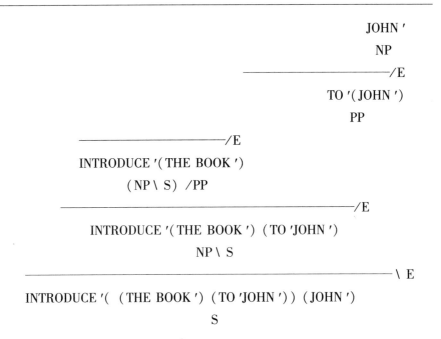

当然，除了贾戈尔的 LLC 以外，还有一些学者试图从传统的范畴类型逻辑角度来研究反身代词的回指照应问题，简要说来，主要有如下的这两种方案：

[1] 莫特盖特（M. Moortgat）的方案

莫特盖特（M. Moortgat，1996）给出了处理语言中非连续（discontinuity）现象的范畴类型逻辑，而反身代词的回指照应问题则被认为是非连续现象的一种在其范畴类型逻辑系统中进行处理。

莫特盖特（M. Moortgat，1996）指出（结合的或非结合的）兰贝克演算只能处理连续的语言符号串之间的推理关系，但是对于非连续的语言现象则很难进行解释。例如语句 John introduced everyone to Mary. 中，量词"everyone"虽然在语法结构中起到了 NP 的作用，但是它的意义却是在整个的语句上进行运算的。由于传统的范畴类型逻辑中句法和语义上的组合性不能被分开考虑，所以在这种情况下，量词"everyone"的句法地位也应该将整个语句作为一个整体进行考量。因此，此处的量词"everyone"就可被认为是一个算子，该算子将非连续的语言符号串 John introduced —— to Mary 转变为连续的语言符号串 John introduced everyone to Mary。

在这种直观理解的基础上，莫特盖特给出了一个三元算子 q，对于任意范畴（或公式）A、B、C 以及任意语言符号串 α 而言，α 的范畴是 q（A，B，C）当且仅当用 α 替换范畴 B 这一词项中的范畴为 A 的词项就能得到范畴为 C 的词项。如果将莫特盖特的方案应用到反身代词这样的受限代词（bound pronouns）上，那么像上文中"himself"这样的反身代词的柯里霍华德标记和范畴可被表示如下：

himself：λRx. Rxx　q(NP, NPS, NPS)

例 2.2.2 中的语句［i］John admires himself. 也可被分析如下：

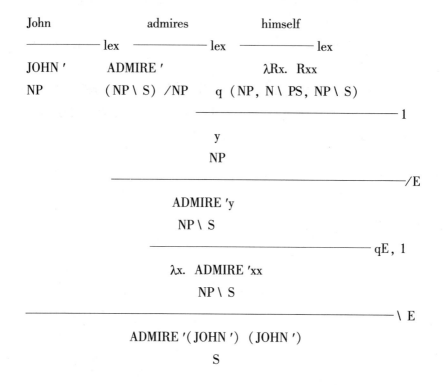

［2］雅克布森的方案

在组合范畴语法（combinatory categorical grammar）的框架下，雅克布森在其一系列的出版物中（P. Jacobson, 1999、2000）构建了组合范畴语法系统以处理代词回指的问题。她在其系统中引入了竖线算子（｜）以表示回指中的指称依赖性以及一系列的组合型推导规则以展示回指表达式的组合方式。

对于代词约束（binding of pronouns）的问题雅克布森在其系统中给出组合子 Z 以及一系列的规则如下：

$$\frac{X \Rightarrow M: A/B/C}{X \Rightarrow \lambda xy.\, M\,(xy)\,y: A/B/C \mid B}\, Z_>^>$$

$$\frac{X \Rightarrow M: (B \backslash A)\,/C}{X \Rightarrow \lambda xy.\, M\,(xy)\,y: (B \backslash A)\,/C \mid B}\, Z_>^<$$

$$\frac{X \Rightarrow M: C \backslash A/B}{X \Rightarrow \lambda xy.\, M\,(xy)\,y: C \mid B \backslash A/B}\, Z_<^>$$

$$\frac{X \Rightarrow M: C \backslash B \backslash A}{X \Rightarrow \lambda xy.\, M\,(xy)\,y: C \mid B \backslash B \backslash A}\, Z_<^<$$

相比较于如上的这两种刻画反身代词回指照应问题的解决方案，贾戈尔的 LLC 系统无论是从语言学的基础还是从形式处理的简便性来说都更为优越，因此成为本章和下一章谈论的重点。

第 3 章　前后搜索的(Bi)LLC 系统

本章中，我们首先对第 1 章中所给出的汉语反身代词的回指照应问题进行梳理，以区分 LLC 系统能够处理的问题以及其他一些待解决的问题。本章第 2 节将给出解决这些待解决的问题（Bi）LLC 系统的公理表示。第 3 节是（Bi）LLC 的树模式表示和自然推演表示。第 4 节和第 5 节则分别是（Bi）LLC 的 Gentzen 表示以及（Bi）LLC 四种表示之间的等价性证明。第 6 节则是（Bi）LLC 在语言学中的应用。

3.1　语言学背景

第 1 章中曾提及汉语反身代词回指照应问题的几个特点，简单来说主要有如下的五个：

[1] 允许"长距离约束"

[2] 主语倾向性

[3] "次统领约束"问题

[4] 语句中约束反身代词的先行语缺失的问题

[5] 先行语位置后置的问题

针对其中的前两个问题，贾戈尔所构建的 LLC 系统都能够很好地解决，这是因为在（树模式的）竖线算子（|）消去规则中，添加了下标 i 的先行语就标记出了反身代词所回指照应的先行语，因此在允许"长距离约束"和主语倾向性问题的解决上只要将反身代词回指照应的先行语添加下标以标记出来就可以了，正如例 3.1 所示，如果语句中的反身代词"自己"回指"张三"，这就出现了"长距离约束"的问题，此时就需要将"张三"所对应的范畴加标以便于竖线消去规则的使用即可，而当"自己"回指"王五"时则需对"王五"所对应的范畴加标，所以"长

距离约束"的问题在 LLC 中能得到很好地处理。

而在"自己"回指"张三"的情况下还涉及主语倾向性的问题，此时同样对"张三"所对应的范畴加标以便于竖线消去规则使用即可。

对于语句中约束反身代词的先行语缺失的情况而言，其先行语虽然在反身代词所在的语句中不存在，但是向前搜索的话，一般还是能够在其他语句中找到先行语的，即反身代词的先行语与反身代词只是不处于同一语句中而已。如例 3.2 中，语句"张三被告知她自己走"中的反身代词"她自己"的先行语不是语句中的"张三"，而为了确定其先行语则需要向前进行跨语句的搜寻以找到先行语。这时该语句的推导就如例 3.2 中所示，所得到的结果范畴中表示回指照应的竖线算子未被消去，以便于跨语句结合先行语。所以说，这种情况 LLC 完全能够处理。

例 3.1 张三知道王五喜欢自己。

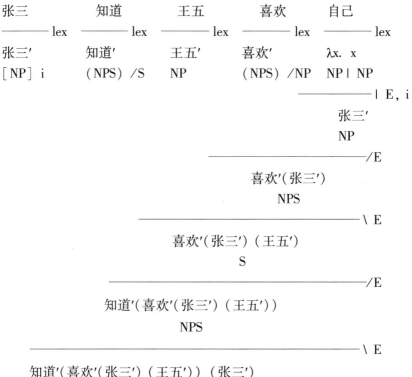

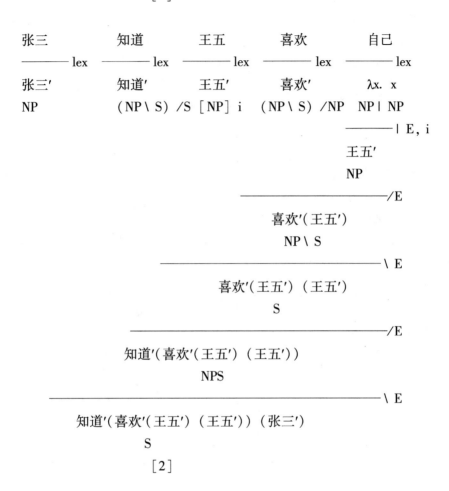

[1]

张三　　　　知道　　　王五　　　喜欢　　　自己
————lex　————lex　————lex　————lex　————lex
张三′　　　　知道′　　　王五′　　　喜欢′　　　λx. x
NP　　　　（NP＼S）/S　[NP] i　（NP＼S）/NP　NP | NP
　　　　　　　　　　　　　　　　　　　　　————| E, i
　　　　　　　　　　　　　　　　　　　王五′
　　　　　　　　　　　　　　　　　　　NP
　　　　　　　　　　　————————————/E
　　　　　　　　　　喜欢′（王五′）
　　　　　　　　　　NP＼S
　　　　　　　————————————————————\ E
　　　　　　　喜欢′（王五′）（王五′）
　　　　　　　S
　　　————————————————————————/E
　　知道′（喜欢′（王五′）（王五′））
　　NPS
————————————————————————————\ E
张三′（喜欢′（王五′）（王五′））（张三′）
S

[2]

例 3.2 张三被告知她自己走。

张三　　　　被告知　　　　她自己　　　　　走
————lex　————lex　————lex　————lex
张三′: NP　被告知′:（NP＼S）/S　λx. x: NP | NP　　走′: NP＼S
　　　　　　　　　　　　————————i
　　　　　　　　　　　　y: NP
　　　　　　　　————————————————\ E
　　　　　　　走′y: S

$$\frac{\qquad\qquad\qquad\qquad\qquad\qquad\qquad\qquad\qquad}{被告知'(走'y)：NP \backslash S} /E$$

$$\frac{\qquad\qquad\qquad\qquad\qquad\qquad\qquad\qquad\qquad}{被告知'(走'y)（张三'）：S} \backslash E$$

$$\frac{\qquad\qquad\qquad\qquad\qquad\qquad\qquad}{\lambda y.\ 被告知'(走'y)（张三'）：S | NP} | I, i$$

在"次统领"问题中，反身代词所回指的先行语会是一个名词短语中的 NP，如"张三的自大害了他自己"，这一语句中的名词短语"张三的自大"中的"张三"充当了反身代词"他自己"的先行语，这种情况下，由于 LLC 系统未说明 | E 规则中先行语标记所遵循的规则，所以 LLC 系统很难对"次统领"问题进行精确化处理。这里我们将引入满海霞（2011）所给出的一元加标算子 [ ] i 以及相对应的公理或推导规则来处理这种情况。

对于先行语后置的情况。我们认为这一情况出现的原因是在汉语反身代词回指照应的形成上，后于关系所起到的制约作用。正因为如此，本书中才要将单方向的竖线算子（只能向前结合）修改为向前搜索的竖线算子和向后搜寻的竖线算子以处理这一情况。

3.2   （Bi）LLC 的公理表示

如果将前后搜索的 LLC 系统表示为（Bi）LLC，那么其中的公式可被定义如下：

定义 3.1 （(Bi)LLC 中的公式 F）

F = A, F⊗F, F/F, F \ F, F⌉F, F⌈F, [F] i

其中，A ∈ {NP, N, S}，"⊗"、"/"、"\"分别表示积算子、右斜线算子和左斜线算子。"⌉"和"⌈"则分别表示向前的竖线算子和向后的竖线算子。对于任意公式 A 和 B，A⌉B 的直观解释是向前搜寻到一个范畴为 B 的词项之后，词项 A⌉B 的行为方式就像范畴 A 那样；B⌈A 的直观解释是向后搜寻到一个范畴为 B 的词项之后，词项 B⌈A 的行为方式就像范畴 A 那样。这样处理后，向前结合的反身代词的范畴就可被表示为：NP⌉NP，而向后结合的反身代词的范畴则是 NP⌈NP。公式 [A] i 表示的是加了标记的范畴 A，其中 [ ] i 是一个一元标记算子。

定义 3.2（范畴与类型的对应）如果令 τ 为一个从 CAT(B) 到 TYPE 的函数，那么 τ 为一个对应函数当且仅当下面的三个条件被满足：

[1] $\tau(A \otimes B) = \tau(A) \wedge \tau(B)$

[2] $\tau([A] i) = \tau(A)$

[3] $\tau(B/A) = \tau(A \backslash B) = \tau(B \rceil A) = \tau(A \lceil B) = \langle \tau(A), \tau(B) \rangle$

定义 3.3（（Bi）LLC 的公理表示）

公理：

同一公理（id）：A→A

A_1：$A \otimes B \rceil C \rightarrow (A \otimes B) \rceil C$

A_2：$A \rceil B \otimes C \rightarrow (A \otimes C) \rceil B$

A_3：$A \rceil C \otimes B \rceil C \rightarrow (A \otimes B) \rceil C$

A_4：$A \otimes B \rceil A \rightarrow A \otimes B$

A_5：$C \lceil B \otimes A \rightarrow C \lceil (B \otimes A)$

A_6：$C \otimes B \lceil A \rightarrow B \lceil (C \otimes A)$

A_7：$C \lceil A \otimes C \lceil B \rightarrow C \lceil (A \otimes B)$

A_8：$A \lceil B \otimes A \rightarrow B \otimes A$

A_9：$B \leftrightarrow [B] i$

推导规则：

Cut：从 A→B 和 B→C 可得 A→C

冗余规则：$A \otimes B \rightarrow C$ 当且仅当 $A \rightarrow C/B$ 当且仅当 $B \rightarrow A \backslash C$

$R_{(Bi)LLC1}$：从 A→B 可得 $A \rceil C \rightarrow B \rceil C$

$R_{(Bi)LLC2}$：从 A→B 可得 $C \lceil A \rightarrow C \lceil B$

结构假设：

结合假设（asso）：$A \otimes (B \otimes C) \leftrightarrow (A \otimes B) \otimes C$

定义 3.4（(Bi) LLC 的模型 $M_{(Bi)LLC}$）(Bi) LLC 的模型 $M_{(Bi)LLC}$ 是一个满足如下条件的七元组〈$W_{(Bi)LLC}$，$R_{(Bi)LLC}$，$S_{\urcorner(Bi)LLC}$，$S_{\ulcorner(Bi)LLC}$，$\sim_{(Bi)LLC}$，$f_{(Bi)LLC}$，$g_{(Bi)LLC}$〉：

[1] $W_{(Bi)LLC}$ 是一个非空且由语言符号串构成的集合

[2] $R_{(Bi)LLC}$ 和 $S_{\urcorner(Bi)LLC}$，$S_{\ulcorner(Bi)LLC}$ 是 $W_{(Bi)LLC}$ 上的三元关系且对于 $W_{(Bi)LLC}$ 中的任意五个元素 x、y、z、u、v 而言，下面两个条件要被满足：

(i) $R_{(Bi)LLC}$ xyz ∧$R_{(Bi)LLC}$ zuv→∃w（$R_{(Bi)LLC}$ wyu ∧$R_{(Bi)LLC}$ xwv）

(ii) $R_{(Bi)LLC}$ xyz ∧$R_{(Bi)LLC}$ yuv→∃w（$R_{(Bi)LLC}$ wvz ∧$R_{(Bi)LLC}$ xuw）

[3] $\sim_{(Bi)LLC}$ ⊆$W_{(Bi)LLC}$×$W_{(Bi)LLC}$

[4] $f_{(Bi)LLC}$ 是一个从原子公式到 $W_{(Bi)LLC}$ 子集的函数

[5] $g_{(Bi)LLC}$ 是一个从 (Bi) LLC 公式到 $W_{(Bi)LLC}$ 的函数

[6] 对于 $W_{(Bi)LLC}$ 中的任意五个元素 x、y、z、w、u 而言，下面几个条件要被满足：

(i) $R_{(Bi)LLC}$ xyz ∧$S_{\urcorner(Bi)LLC}$zwu→∃v（$S_{\urcorner(Bi)LLC}$xvu ∧$R_{(Bi)LLC}$ vyw）

(i′) $R_{(Bi)LLC}$ xyz ∧$S_{\ulcorner(Bi)LLC}$ywu→∃v（$S_{\ulcorner(Bi)LLC}$xvu ∧$R_{(Bi)LLC}$ vwz）

(ii) $R_{(Bi)LLC}$ xyz ∧$S_{\urcorner(Bi)LLC}$ywu→∃v（$S_{\urcorner(Bi)LLC}$xvu ∧$R_{(Bi)LLC}$ vwz）

(ii′) $R_{(Bi)LLC}$ xyz ∧$S_{\ulcorner(Bi)LLC}$zwu→∃v（$S_{\ulcorner(Bi)LLC}$xvu ∧$R_{(Bi)LLC}$ vyw）

(iii) $R_{(Bi)LLC}$ xyz ∧$S_{\urcorner(Bi)LLC}$ywu ∧$S_{\urcorner(Bi)LLC}$zvu→∃r（$S_{\urcorner(Bi)LLC}$xru ∧$R_{(Bi)LLC}$ rwv）

(iii′) $R_{(Bi)LLC}$ xyz ∧$S_{\ulcorner(Bi)LLC}$ywu ∧$S_{\ulcorner(Bi)LLC}$zvu→∃r（$S_{\ulcorner(Bi)LLC}$xru ∧$R_{(Bi)LLC}$ rwv）

(iv) $R_{(Bi)LLC}$ xyz ∧$S_{\urcorner(Bi)LLC}$zwu ∧y $\sim_{(Bi)LLC}$ u→$R_{(Bi)LLC}$ xyw

(iv′) $R_{(Bi)LLC}$ xyz ∧$S_{\ulcorner(Bi)LLC}$ywu ∧z $\sim_{(Bi)LLC}$ u→$R_{(Bi)LLC}$ xwz

(v) ∀A（w ∈ ‖ A ‖ $_{M(Bi)LLC}$↔w $\sim_{(Bi)LLC}$ $g_{(Bi)LLC}$（A））

如果令 x、y、z 为集合 $W_{(Bi)LLC}$ 中的任意三个元素，那么 $R_{(Bi)LLC}$ xyz 所表示的仍然是语言符号串之间的组合关系；$S_{\urcorner(Bi)LLC}$ xyz 表示的是假定与 z 类似的某一语言符号串做照应语的先行语在 x 的前面出现，那么 x 就能被转换成 y；$S_{\ulcorner(Bi)LLC}$ xyz 表示的是假定与 z 类似的某一语言符号串做照应语的先行语在 x 的后面出现，那么 x 就能被转换成 y；x $\sim_{(Bi)LLC}$ y 的直观意思是 x 类似于 y（这一关系不需要是自返、传递且对称的）。

条件 [2] 中的子条件（i）和（ii）是说关系 R_{LLC} 要满足结合性；条件 [6] 中所给出的几个子条件实际上是为了使得 (Bi) LLC 中新增加的

公理具有有效性。

定义 3. 5（模型 $M_{(Bi)LLC}$ 下的解释）模型 $M_{(Bi)LLC}$ 下的解释 $\| \cdot \|$ 可被递归定义如下：

[1] $\| A \|_{M(Bi)LLC} = f_{(Bi)LLC}$（A）当且仅当 $A \in \{NP, N, S\}$

[2] $\| A \otimes B \|_{M(Bi)LLC} = \{x \mid \exists y \exists z (y \in \| A \|_{M(Bi)LLC} \wedge z \in \| B \|_{M(Bi)LLC} \wedge R_{(Bi)LLC}xyz)\}$

[3] $\| A \backslash B \|_{M(Bi)LLC} = \{x \mid \forall y \forall z(y \in \| A \|_{M(Bi)LLC} \wedge R_{(Bi)LLC}zyx \rightarrow z \in \| B \|_{M(Bi)LLC})\}$

[4] $\| A / B \|_{M(Bi)LLC} = \{x \mid \forall y \forall z(y \in \| B \|_{M(Bi)LLC} \wedge R_{(Bi)LLC}zxy \rightarrow z \in \| A \|_{M(Bi)LLC})\}$

[5] $\| A, B \|_{M(Bi)LLC} = \{x \mid \exists y \exists z (y \in \| A \|_{M(Bi)LLC} \wedge z \in \| B \|_{M(Bi)LLC} \wedge R_{(Bi)LLC}xyz)\}$

[6] $\| A \urcorner B \|_{M(Bi)LLC} = \{x \mid \exists y (y \in \| A \|_{M(Bi)LLC} \wedge S_{\urcorner(Bi)LLC}xyg_{(Bi)LLC}(B))\}$

[7] $\| A \ulcorner B \|_{M(Bi)LLC} = \{x \mid \exists y (y \in \| B \|_{M(Bi)LLC} \wedge S_{\ulcorner(Bi)LLC}xyg_{(Bi)LLC}(A))\}$

[8] $\| [A]i \|_{M(Bi)LLC} = \{x \mid x \sim_{(Bi)LLC} g_{(Bi)LLC}(A))\}$

（Bi）LLC 中有效性的定义与 L 中相同，即对（Bi）LLC 的任意模型 $M_{(Bi)LLC}$ 以及（Bi）LLC 中的任意非空公式集 X 和公式 A，$\models X \Rightarrow A$，当且仅当 $\| X \|_{M(Bi)LLC} \subseteq \| A \|_{M(Bi)LLC}$。

定理 3. 6（可靠性）如果 $\vdash_{(Bi)LLC} X \Rightarrow A$，那么 $\models X \Rightarrow A$。

证明：对（Bi）LLC 中推导的长度施归纳。

[1] 当推导长度为 1 时，我们得到的是（Bi）LLC 中的公理，此时由定义 3. 4 和定义 3. 5 可得（Bi）LLC 中的公理都是有效的。

以公理 A_6 和 A_9 为例。

A_6：求 $\| C \otimes B \ulcorner A \|_{M(Bi)LLC} \subseteq \| B \ulcorner (C \otimes A) \|_{M(Bi)LLC}$

对于任意 x（$\in W_{(Bi)LLC}$），假定 $x \in \| C \otimes B \ulcorner A \|_{M(Bi)LLC}$，则可得如下结论：

$\exists y \exists z \exists w (y \in \| C \|_{M(Bi)LLC} \wedge w \in \| A \|_{M(Bi)LLC} \wedge S_{\ulcorner(Bi)LLC}zwg_{(Bi)LLC}(B) \wedge R_{(Bi)LLC}xyz)$

由存在量词消去规则得

$y \in \| C \|_{M(Bi)LLC} \wedge w \in \| A \|_{M(Bi)LLC} \wedge S_{\ulcorner(Bi)LLC}zwg_{(Bi)LLC}(B) \wedge R_{(Bi)LLC}xyz$

由定义 3. 4 ［6］（i）得

$y \in \| C \|_{M(Bi)LLC} \wedge w \in \| A \|_{M(Bi)LLC} \wedge S_{\ulcorner(Bi)LLC} x v g_{(Bi)LLC}$（B）$\wedge R_{(Bi)LLC} vyw$

由定义 3. 5 + 存在量词添加规则得

$x \in \| B \ulcorner (C \otimes A) \|_{M(Bi)LLC}$。

A_9：求 $\| B \|_{M(Bi)LLC} = \| ［B］i \|_{M(Bi)LLC}$

（i）$\| B \|_{M(Bi)LLC} \subseteq \| ［B］i \|_{M(Bi)LLC}$

对于任意 x（$\in W_{(Bi)LLC}$），假定 $x \in \| B \|_{M(Bi)LLC}$，则由定义 3.4 ［6］（vi）可得 $x \sim_{(Bi)LLC} g_{(Bi)LLC}$（B），再由定义 3. 5 ［8］可得 $x \in \| ［B］i \|_{M(Bi)LLC}$。

（ii）$\| B \|_{M(Bi)LLC} \supseteq \| ［B］i \|_{M(Bi)LLC}$

对于任意 x（$\in W_{(Bi)LLC}$），假定 $x \in \| ［B］i \|_{M(Bi)LLC}$，则由定义 3.5 ［8］可得 $x \sim_{(Bi)LLC} g_{(Bi)LLC}$（B），再由定义 3. 4 ［6］（vi）可得 $x \in \| B \|_{M(Bi)LLC}$。

［2］归纳假设：假定当推导长度为 n – 1 时结论成立。

［3］求当推导长度为 n 时结论成立。

此时只要证明推导规则具有保真性即可。以 R_1 和 R_2 规则为例：

（i）求 $R_{(Bi)LLC1}$ 具有保真性，即求如果 $\| A \|_{M(Bi)LLC} \subseteq \| B \|_{M(Bi)LLC}$，那么 $\| A \ulcorner C \|_{M(Bi)LLC} \subseteq \| B \ulcorner C \|_{M(Bi)LLC}$。

由子集关系的定义可得

对于任意的 x,

x（$\in W_{(Bi)LLC}$）, $x \in \| A \|_{M(Bi)LLC} \rightarrow x \in \| B \|_{M(Bi)LLC}$　　　（1）

假定对于任意 m 和某一 y,

$y \in \| A \|_{M(Bi)LLC} \wedge S_{\ulcorner(Bi)LLC} myg_{(Bi)LLC}$（C）　　　（2）

由（1）可得

$y \in \| B \|_{M(Bi)LLC} \wedge S_{\ulcorner(Bi)LLC} myg_{(Bi)LLC}$（C）　　　（3）

由（2）+（3）+量词添加规则可得

$\| A \ulcorner C \|_{M(Bi)LLC} \subseteq \| B \ulcorner C \|_{M(Bi)LLC}$。

（ii）求 $R_{(Bi)LLC2}$ 具有保真性，即求如果 $\| A \|_{M(Bi)LLC} \subseteq \| B \|_{M(Bi)LLC}$，那么 $\| C \ulcorner A \|_{M(Bi)LLC} \subseteq \| C \ulcorner B \|_{M(Bi)LLC}$。证法同上。

定理 3. 7（完全性）如果 $\vDash X \Rightarrow A$，那么 $\vdash_{(Bi)LLC} X \Rightarrow A$。

证明：首先，给出典范模型 $M_{CM(Bi)LLC}$，$M_{CM(Bi)LLC} = \langle W_{CM(Bi)LLC}, R_{CM(Bi)LLC}, S_{\ulcorner CM(Bi)LLC}, S_{\ulcorner CM(Bi)LLC}, \sim_{CM(Bi)LLC}, f_{CM(Bi)LLC}, g_{CM(Bi)LLC} \rangle$ 且满足下面

的几个条件：

［1］ $W_{CM(Bi)LLC}$ 是（Bi）LLC 中公式类型构成的集合

［2］ $R_{CM(Bi)LLC}$ 是 $W_{CM(Bi)LLC}$ 上的三元关系其满足结合性和下面的条件，即 $R_{CM(Bi)LLC}ABC$ 当且仅当 $\vdash_{(Bi)LLC}A \Rightarrow B \otimes C$

［3］ $S_{\daleth CM(Bi)LLC}$ 和 $S_{\ulcorner CM(Bi)LLC}$ 分别是 $W_{CM(Bi)LLC}$ 上的三元关系，其满足下面的条件：

$S_{\daleth CM(Bi)LLC}ABC$ 当且仅当 $\vdash_{CM(Bi)LLC}A \Rightarrow B \daleth C$

$S_{\ulcorner CM(Bi)LLC}ABC$ 当且仅当 $\vdash_{CM(Bi)LLC}A \Rightarrow C \ulcorner B$

［4］ $f_{CM(Bi)LLC}$ 定义如下：

$f_{CM(Bi)LLC}(A) = \{B \mid \vdash_{CM(Bi)LLC}B \Rightarrow A\}$ $A \in \{NP, N, S\}$

［5］ 由积算子的结合性可得 $\langle W_{CM(Bi)LLC}, R_{CM(Bi)LLC}\rangle$ 是结合框架，除此之外，还要证明下面的几个限制条件是在典范模型上为真的：

（i） 如果 $\vdash_{CM(Bi)LLC}x \Rightarrow y \otimes z$ 且 $\vdash_{CM(Bi)LLC}z \Rightarrow w \daleth u$，那么可得 $\vdash_{CM(Bi)LLC}x \Rightarrow (y \otimes w) \daleth u$。

（ii） 如果 $\vdash_{CM(Bi)LLC}x \Rightarrow y \otimes z$ 且 $\vdash_{CM(Bi)LLC}y \Rightarrow w \daleth u$，那么可得 $\vdash_{CM(Bi)LLC}x \Rightarrow (w \otimes z) \daleth u$。

（iii） 如果 $\vdash_{CM(Bi)LLC}x \Rightarrow y \otimes z$ 且 $\vdash_{CM(Bi)LLC}y \Rightarrow w \daleth u$、$\vdash_{CM(Bi)LLC}z \Rightarrow v \daleth u$，那么可得 $\vdash_{CM(Bi)LLC}x \Rightarrow (w \otimes v) \daleth u$。

（iv） 如果 $\vdash_{CM(Bi)LLC}x \Rightarrow y \otimes z$ 且 $\vdash_{CM(Bi)LLC}z \Rightarrow w \daleth y$，那么可得 $\vdash_{CM(Bi)LLC}x \Rightarrow y \otimes w$。

（v） 如果 $\vdash_{CM(Bi)LLC}x \Rightarrow y \otimes z$ 且 $\vdash_{CM(Bi)LLC}y \Rightarrow w \ulcorner u$，那么可得 $\vdash_{CM(Bi)LLC}x \Rightarrow w \ulcorner (u \otimes z)$。

（vi） 如果 $\vdash_{CM(Bi)LLC}x \Rightarrow y \otimes z$ 且 $\vdash_{CM(Bi)LLC}z \Rightarrow w \ulcorner u$，那么可得 $\vdash_{CM(Bi)LLC}x \Rightarrow w \ulcorner (y \otimes u)$。

（vi） 如果 $\vdash_{CM(Bi)LLC}x \Rightarrow y \otimes z$ 且 $\vdash_{CM(Bi)LLC}y \Rightarrow w \ulcorner u$、$\vdash_{CM(Bi)LLC}z \Rightarrow w \ulcorner v$，那么可得 $\vdash_{CM(Bi)LLC}x \Rightarrow w \ulcorner (u \otimes v)$。

（vii） 如果 $\vdash_{CM(Bi)LLC}x \Rightarrow y \otimes z$ 且 $\vdash_{CM(Bi)LLC}y \Rightarrow z \ulcorner u$，那么可得 $\vdash_{CM(Bi)LLC}x \Rightarrow u \otimes z$。

［6］ $A \sim_{CM(Bi)LLC}B$ 当且仅当 $\vdash_{CM(Bi)LLC}A \Rightarrow B$ 且 $g_{CM(Bi)LLC}(A) = A$

其次，证明真值引理，即在典范模型 $M_{CM(Bi)LLC}$ 中，对于任意的公式 A、B，$A \in \|B\|_{MCM(Bi)LLC}$ 当且仅当 $\vdash_{CM(Bi)LLC}A \Rightarrow B$。

对 B 中出现的联结词的数目施归纳。当 B 为原子公式时，由典范模型的定义可直接推得结论。假设当 B 中出现的联结词的数目为 n – 1 时结论成立，现证明 B 中出现的联结词的数量为 n 时结论也成立。

[1] 当 B = C/D 或 C \ D 或 C ⊗ D 且 C、D 中出现的联结词数量和为 n – 1 时。可参考定理 2.1.8 中的证明。

[2] 当 B = C⌉D 且 C、D 中出现的联结词数量和为 n – 1 时。

（i）从左到右

因为 A ∈ ‖ C⌉D ‖ $_{MCM(Bi)LL}$ 所以存在 E 使得 E ∈ ‖ C ‖ $_{MCM(Bi)LLC}$ 且 $S_{⌉CM(Bi)LLC}$AE$g_{CM(Bi)LLC}$（D）。由归纳假设得 ⊢$_{CM(Bi)LLC}$ E ⇒ C，由典范模型的构造得 ⊢$_{CM(Bi)LLC}$ A ⇒ E⌉D。由（Bi）LLC 中的推导规则和 Cut 公理得 ⊢$_{CM(Bi)LLC}$ A ⇒ C⌉D。

（ii）从右到左

假定 ⊢$_{CM(Bi)LLC}$ A ⇒ C⌉D，由典范模型的构造可得 $S_{⌉CM(Bi)LLC}$ACD，进而可得 $S_{⌉CM(Bi)LLC}$AC$g_{CM(Bi)LLC}$（D）。由归纳假设得 C ∈ ‖ C ‖ $_{CM(Bi)LLC}$ 所以 A ∈ ‖ C⌉D ‖ $_{CM(Bi)LLC}$。

[3] 当 B = C⌈D 且 C、D 中出现的联结词数量和为 n – 1 时。

（i）从左到右

假设 A ∈ ‖ C⌈D ‖ $_{MCM(Bi)LL}$，所以存在 E，使得 E ∈ ‖ D ‖ $_{MCM(Bi)LLC}$ 且 $S_{⌈CM(Bi)LLC}$AE$g_{CM(Bi)LLC}$（C）。由归纳假设得 ⊢$_{CM(Bi)LLC}$ E ⇒ D，由典范模型的构造得 ⊢$_{CM(Bi)LLC}$ A ⇒ C⌈E。由（Bi）LLC 中的推导规则和 Cut 公理得 ⊢$_{CM(Bi)LLC}$ A ⇒ C⌈D。

（ii）从右到左

假定 ⊢$_{CM(Bi)LLC}$ A ⇒ C⌈D，由典范模型的构造可得 $S_{⌈CM(Bi)LLC}$ADC，进而可得 $S_{⌈CM(Bi)LLC}$AD$g_{CM(Bi)LLC}$(C)。由归纳假设得 D ∈ ‖ D ‖ $_{CM(Bi)LLC}$ 所以 A ∈ ‖ C⌈D ‖ $_{CM(Bi)LLC}$。

[4] B =［C]i 且 C 中出现的联结词数量和为 n – 1 时。可参考满海霞（2011）。

最后，证明结论的逆否命题成立。证明方式同定理 2.1.8。

3.3　（Bi）LLC 的树模式表示和自然推演表示

定义 3.8（（Bi）LLC 的树模式表示）

$$\frac{x : A \qquad y : B}{\langle x, y \rangle : A \otimes B} \otimes I \qquad\qquad \frac{x : A \otimes B}{(x)_0 : A \qquad (x)_1 : A} \otimes E$$

$$\frac{\begin{array}{ccc} \overline{\quad} i & & \\ x : A & : & : \\ : & : & : \\ : & : & : \\ M : B & & \end{array}}{\lambda x M : AB} \backslash I, i \qquad\qquad \frac{x : A \qquad y : AB}{(yx) : B} \backslash E$$

$$\frac{\begin{array}{ccc} & & \overline{\quad} i \\ : & : & x : A \\ : & : & : \\ : & : & : \\ M : B & & \end{array}}{\lambda x M : B / A} / I, i \qquad\qquad \frac{x : A / B \qquad y : B}{(xy) : B} / E$$

$$\frac{[x : A]\ i \cdots \qquad y : B \urcorner A}{yx : B} \urcorner E, i \qquad\qquad \frac{y : B \ulcorner A \qquad \cdots\ [x : B]\ i}{yx : A} \ulcorner E, i$$

$$\frac{\begin{array}{cccc} x_1 : A_1 \urcorner B & x_2 : A_2 \urcorner B & x_n : A_n \urcorner B & \\ : \ \overline{\qquad}\ i_1 & : \ \overline{\qquad}\ i_2 & : \ \overline{\qquad}\ i_3 & : \\ : \quad x_1 y : A_1 & : \quad x_2 y : A_2 & : \quad x_n y : A_n & : \\ : \qquad : & : \qquad : & : \qquad : & : \\ & & N : C & \end{array}}{\lambda y N : C \urcorner B} \urcorner I, i_1, i_2, \cdots, i_n$$

$$
\begin{array}{ccccc}
x_1 : B\ulcorner A_1 & & x_2 : B\ulcorner A_2 & & x_n : B\ulcorner A_n \\
: \rule{3cm}{0.4pt} i_1 & : & \rule{3cm}{0.4pt} i_2 & : & \rule{3cm}{0.4pt} i_3 & : \\
: \quad x_1 y : A_1 & : & x_2 y : A_2 & : & x_n y : A_n & : \\
: \qquad : & : & : & : & : & :
\end{array}
$$

$$
\dfrac{N : C}{\rule{5cm}{0.4pt}\ulcorner I, i_1, i_2, \cdots, i_n}
$$
$$
\lambda y N : B\ulcorner C
$$

$$
\dfrac{M : A}{M : [A] i}\ [\ ] i\,I \qquad \dfrac{M : [A] i}{M : A}\ [\ ] i\,E
$$

　　贾戈尔（G. Jäger, 2005）在给出 LLC 树模式表示图之前还给出了 LLC 树模式表示的一系列规则，在这里为了（Bi）LLC 树模式表示的严密性，我们也将给出（Bi）LLC 树模式表示的一些规则的说明。

　　依照前文所给出的结构树的定义，（Bi）LLC 也可被视为一种结构树，但更严格来说其并不必须为一种树，而应是一系列带有加标节点有方向性且不循环的有穷图。为了保持术语的一致性，我们在本书中仍将其称为"树"。而在给出（Bi）LLC 树模式的递归定义之前，我们首先给出一系列的相关概念。

　　与传统的结构树相同，（Bi）LLC 中节点之间也会存在直接支配关系 D 和前于关系>，但是在这里我们加入另外一个节点之间的关系，即后于关系<。

　　（Bi）LLC 中，一个节点既会被很多个节点所直接支配，也会直接支配多于一个的节点，我们将这种直接支配关系的传递闭包称为支配关系。简单来说，对于任意两个节点 a、b，如果 a 直接支配 b，那么 a 就是 b 的前提且 b 是 a 的结论。如果 a、b 都是某一结论的前提，那么就称 a、b 是共存前提（co-premises），而如果 a、b 都是某一前提的结论，则称 a、b 是共存结论（co-conclusions）。如果 a 前于 b 则称 a 是 b 的前驱，b 是 a的后继。如果 a 后于 b 则称 a 是 b 的后继，b 是 a 的前驱。

　　如果我们将仅包含（Bi）LLC 树模式表示中初始节点且不包含任何节点之间关系的树称为原子树（axioms of trees），那么在如下这些关系的约束下，我们就可以在原子树的基础上扩充出新的树来。

首先，令"D^+"表示 D 的传递闭包，令"$D*$"表示 D 的传递自返闭包。

其次，（Bi）LLC 中的关系以及这些关系所要满足的条件可被规定如下：

[1] 支配关系是禁自返的

$\forall x\ (\neg D^+xx)$

[2] 前于关系和后于关系都是禁自返且传递的

$\forall x\ (\neg Rxx)$

$\forall x\ \forall y\ \forall z\ (Rxy \wedge Ryz \rightarrow Rxz)\qquad R \in \{>, <\}$

[3] 支配关系和它的逆都是与前于关系以及后于关系不交的

$\neg \exists x\ \exists y\ ((D^+xy \vee D^+yx) \wedge (x>y \vee <x))$

[4] 任意两个不同的节点间或者有支配关系或者有前于关系或后于关系。

$\forall x\ \forall y\ (x = y \vee D^+xy \vee D^+yx \vee x>y \vee <x)$

[5] 前于关系和后于关系都在从前提到结论的过程中能保持不变的，反过来也成立。

$\forall x\ \forall y\ \forall z\ \forall w\ ((Dxy \wedge Dzw \wedge Rxz) \rightarrow (D*yw \vee D*wy \vee Ryw))$

$\forall x\ \forall y\ \forall z\ \forall w\ ((Dyx \wedge Dwz \wedge Rxz) \rightarrow (D*yw \vee D*wy \vee Ryw))$

$R \in \{>, <\}$

在（Bi）LLC 的树模式表示中每一个节点都配备了一个柯里霍华德标记和一个（Bi）LLC 范畴。对于这些节点我们还可以进一步在其中添加其他标记如上横线或下标等。其中添加了上横线（如 A）的节点就被称为可消去（discharged）节点。在（Bi）LLC 中，不被任何节点所支配的节点被称为前提。从上文中所给出的关系定义我们可以得出（Bi）LLC 树模式表示中未被消去的前提就被前于关系或后于关系排列为一个线性序。类似地，不支配任何节点的节点被称为结论，而（Bi）LLC 树模式表示中的结论也被前于关系或后于关系排列为一个线性序。

下面我们给出（Bi）LLC 树模式表示的递归定义

定义 3. 9（（Bi）LLC 树模式表示的递归定义）

如果我们假定不同树中所使用的柯里霍华德变项都是不同的，那么（Bi）LLC 的树模式表示可被定义如下：

[1]（id）每一个标记为 x：A；id 的节点都是一个（Bi）LLC 树，其中 x 是柯里霍华德变项且其范畴为τ(A)，A 是范畴。

[2]（Cut）如果α是一个（Bi）LLC 树，其中 M_1：A_1，…，M_n：A_n 是它的结论。β_1，…，β_k 是一系列的（Bi）LLC 树，其分别以 X，x_1：A_1；id，…，x_n：A_n；id，Y 作为它们不可消去的前提，那么α+β_1+…+β_n也是一个（Bi）LLC 树，其中α+β_1+…+β_n是将β_j中出现的x_i替换为M_i的结果（1 <i <n，1 <j <k）。在得到这一结果的过程中还要将上文中所提到的这些（Bi）LLC 树合并为一个（Bi）LLC 树，而合并的方式就是将那些带有同一标记的节点视为同一个节点。

[3]（/I）如果α是一个（Bi）LLC 树且其结论仅为 M：A、其不可消去的前提序列为 X，x：B（X≠∅），那么α′也为一（Bi）LLC 树，当且仅当下面的两个条件被满足：

（i）α′是用 x：B 替换 x：B 所得到的结果

（ii）α′在结论 M：A 下面新增加了另一节点λx. M：A/B；/I 且这一新增节点的前提仅为 M：A。

[4]（/E）如果α是一个（Bi）LLC 树且其结论序列为 X，M：A/B，N：B，Y，那么α′也为一（Bi）LLC 树，当且仅当下面的条件被满足：α′在α结论下面新增加了另一节点 MN：A；/E 且这一新增节点的前提仅为 M：A/B 和 N：B。

[5]（\I）如果α是一个（Bi）LLC 树且其结论仅为 M：A、其不可消去的前提序列为 x：B，X（X≠∅），那么α′也为一（Bi）LLC 树，当且仅当下面的两个条件被满足：

（i）α′是用 x：B 替换 x：B 所得到的结果

（ii）α′在结论 M：A 下面新增加了另一节点λx. M：B \ A；\I 且这一新增节点的前提仅为 M：A。

[6]（\E）如果α是一个（Bi）LLC 树且其结论序列为 X，M：A，N：A \ B，Y，那么α′也为一（Bi）LLC 树，当且仅当下面的条件被满足：α′在α结论下面新增加了另一节点 NM：B；E 且这一新增节点的前提仅为 M：A 和 N：A \ B。

[7]（⊗I）如果α为一个（Bi）LLC 树且其结论序列为 X，M：A，N：B，Y，那么α′也为一（Bi）LLC 树，当且仅当下面的条件被满足：α′在α的结论下面新增了另一结论〈M，N〉：A ⊗B；⊗I 且这一新增结论的前提仅

为 M：A 和 N：B。

[8]（⊗E）如果 α 为一个（Bi）LLC 树且其结论序列为 X，M：A，N：A⊗B，Y，那么 α' 也为一（Bi）LLC 树，当且仅当下面的条件被满足：

（i）α' 是在 α 的结论后增加 $(M)_0$：A；⊗E 和 $(M)_1$：B；⊗E 这两个节点所得到的结论，且这两个新增节点的前提都仅是 M：A⊗B。

（ii）$(M)_0$：A；⊗E 前于 $(M)_1$：B；⊗E

[9]（⌐I）令 α 为一（Bi）LLC 树且其结论序列为 X，M_1：A_1⌐B，Y_1，…，M_n：A_n⌐B，Y_n，令 β 也为一（Bi）LLC 树且不可消去的前提序列为 X′，x_1：A_1，Y'_1，…，x_n：A_n，Y'_n（X′，Y'_i 与 X，Y_i 的唯一区别就在于 X′，Y'_i 中所有公式都加了柯里霍华德变项），其唯一的结论为 N：C。那么我们说 γ 也为一（Bi）LLC 树，当且仅当下面的条件被满足：

（i）将 β 中出现的所有 x_i 替换为 M_iy

（ii）将 X′，Y'_i 中出现的所有柯里霍华德变项替换为 X，Y_i 中的项

（iii）通过如下方式将 α 和 β 合并为一个（Bi）LLC 树：将所有带有同一标记的节点视为一个节点；使得每一个 M_i：A_i⌐B 都直接支配 M_iy：A_i

（iv）在经过这样处理后的（Bi）LLC 树下面增加一个新的节点 λyN：C⌐B；⌐I，这一结论以 N：C 为其唯一前提。

[10]（⌐I）令 α 为一（Bi）LLC 树且其结论序列为 X，M_1：B⌐A_1，Y_1，…，M_n：B⌐A_n，Y_n，令 β 也为一（Bi）LLC 树且不可消去的前提序列为 X′，x_1：A_1，Y'_1，…，x_n：A_n，Y'_n（X′，Y'_i 与 X，Y_i 的唯一区别就在于 X′，Y'_i 中所有公式都加了柯里霍华德变项），其唯一的结论为 N：C。那么我们说 γ 也为一（Bi）LLC 树，当且仅当下面的条件被满足：

（i）将 β 中出现的所有 x_i 替换为 M_iy

（ii）将 X′，Y'_i 中出现的所有柯里霍华德变项替换为 X，Y_i 中的项

（iii）通过如下方式将 α 和 β 合并为一个（Bi）LLC 树：将所有带有同一标记的节点视为一个节点；使得每一个 M_i：B⌐A_i 都直接支配 M_iy：A_i

（iv）在经过这样处理后的（Bi）LLC 树下面增加一个新的节点 λyN：C⌐B；⌐I，这一结论以 N：C 为其唯一前提。

[11]（⌐E）如果 α 为一个（Bi）LLC 树且其结论序列为 X，M：A，Y，N：B⌐A，Z，那么 α' 也为一个（Bi）LLC 树，当且仅当下面的条件被满足：α' 中将 M：A 替换为 $[M：A]$ i（i 为一新出现的标记）；α' 在 α 结论下面新增加了节点 $[NM：B]$ i；⌐E 且这一节点以 N：B⌐A 为其唯一前提。

〔12〕(「E) 如果α为一个（Bi）LLC 树且其结论序列为 X，N：B「A，Y，M：B，Z，那么α′也为一个（Bi）LLC 树，当且仅当下面的条件被满足：α′中将 M：B 替换为〔M：B〕i（i 为一新出现的标记）；α′在α结论下面新增加了节点〔NM：A〕i;「E 且这一节点以 N：B「A 为其唯一前提。

〔13〕(〔〕iI) 如果α为一个（Bi）LLC 树且其结论仅为 M：A，那么α′也为一个(Bi）LLC 树，当且仅当下面的条件被满足：α′在α结论下面新增加了节点 M：〔A〕i;〔〕iI 且这一节点以 M：A 为其唯一前提。

〔14〕(〔〕iE) 如果α为一个（Bi）LLC 树且其结论仅为 M：〔A〕i，那么α′也为一个（Bi）LLC 树，当且仅当下面的条件被满足：α′在α结论下面新增加了节点 M：Ai;〔〕iE 且这一节点以 M：〔A〕i 为其唯一前提。

〔15〕如果α和β是（Bi）LLC 树，那么α和β构成的序列也是一个（Bi）LLC 树，且这一新构成的（Bi）LLC 树中α中的每一个节点都前于β中的每一个节点。

〔16〕除上面的规则外，不存在其他的方式来形成（Bi）LLC 树。

在(Bi）LLC 树模式的表示图中（定义 3.8）并不存在定义 3.9 中的(id）和（Cut）。这是因为（id）规则仅是说明每一个单独节点都可构成一个（Bi）LLC 树，而且这一规则的给出更多地也是为了给出（Bi）LLC 树递归定义的基础；而贾戈尔（G. Jäger，2005）则证明（Cut）规则在 LLC 的树模式表示中是可消去的。因此其在 LLC 树模式的表示图中也将（Cut）规则和（id）规则一并省略了。这里，我们将给出（Bi）LLC 树模式表示中的 Cut 消去定理，以说明（Cut）也可与（id）规则一样在（Bi）LLC 树模式的表示图中省略。

定义 3.10（（Bi）LLC 树模式表示中的推导）序列 X ⇒M：A 是在(Bi）LLC 树模式表示中可推得的，当且仅当存在一个（Bi）LLC 树α，α以 X 为其不可消去的前提的序列以 M：A 为其唯一的结论。

定理 3.11 如果在（Bi）LLC 树模式表示中可推得 X ⇒M：A，那么就存在（Bi）LLC 树模式表示中的一个不使用 Cut 规则的 X ⇒M：A 的推导。

证明：该定理的证明思路与 LLC 的 Gentzen 表示中 Cut 消去定理的证明思路相同。

定义 3.12（（Bi）LLC 的自然推演表示）

$$\frac{}{x\colon A \Rightarrow x\colon A}\ id \qquad \frac{X \Rightarrow M\colon A \quad Y,\, x\colon A,\, Z \Rightarrow N\colon B}{Y,\, X,\, Z \Rightarrow N[M/x]\colon B}\ Cut$$

$$\frac{X \Rightarrow M\colon A \quad Y \Rightarrow N\colon B}{X,\, Y \Rightarrow \langle M,\, N \rangle\colon A \otimes B}\ \otimes I \qquad \frac{X \Rightarrow M\colon A \otimes B \quad Y,\, x\colon A,\, y\colon B,\, Z \Rightarrow N\colon C}{Y,\, X,\, Z \Rightarrow N[(M)_0/x][(M)_1/y]\colon C}\ \otimes E$$

$$\frac{X,\, x\colon A \Rightarrow M\colon B}{X \Rightarrow \lambda x M\colon B/A}\ /I \qquad \frac{X \Rightarrow M\colon A/B \quad Y \Rightarrow N\colon B}{X,\, Y \Rightarrow MN\colon A}\ /E$$

$$\frac{x\colon A,\, X \Rightarrow M\colon B}{X \Rightarrow \lambda x M\colon A\backslash B}\ \backslash I \qquad \frac{X \Rightarrow M\colon A \quad Y \Rightarrow N\colon A\backslash B}{X,\, Y \Rightarrow NM\colon B}\ \backslash E$$

$$\frac{Z_i \Rightarrow N_i\colon A_i \rceil C\ (1 \leqslant i < n) \quad X,\, x_1\colon A_1,\, Y_1,\, \cdots,\, x_n\colon A_n,\, Y_n \Rightarrow M\colon B}{X,\, Z_1,\, Y_1,\, \cdots,\, Z_n,\, Y_n \Rightarrow \lambda z.\ M[(N_i z)/x_1]\colon B \rceil C}\ \rceil I$$

$$\frac{X \Rightarrow M\colon A \quad Y \Rightarrow N\colon B \rceil A \quad Z,\, x\colon A,\, W,\, y\colon B,\, U \Rightarrow O\colon C}{Z,\, X,\, W,\, Y,\, U \Rightarrow O[M/x][(NM)/y]\colon C}\ \rceil E$$

$$\frac{X,\, x_1\colon A_1,\, Y_1,\, \cdots,\, x_n\colon A_n,\, Y_n \Rightarrow M\colon B \quad Z_i \Rightarrow N_i\colon C \lceil A_i\ (1 \leqslant i < n)}{X,\, Z_1,\, Y_1,\, \cdots,\, Z_n,\, Y_n \Rightarrow \lambda z.\ M[(N_i z)/x_1]\colon C \lceil B}\ \lceil I$$

$$\frac{Y \Rightarrow N\colon B \lceil A \quad X \Rightarrow M\colon B \quad Z,\, x\colon A,\, W,\, y\colon B,\, U \Rightarrow O\colon C}{Z,\, Y,\, W,\, X,\, U \Rightarrow O[M/y][(NM)/x]\colon C}\ \lceil E$$

$$\frac{X \Rightarrow M: B}{X \Rightarrow M: [B]i}[\,]i\,I \qquad \frac{X \Rightarrow M: [B]i \quad Z, M: B, Y \Rightarrow N: C}{Z, X, Y \Rightarrow N: C}[\,]i\,E$$

3.4 (Bi)LLC 的 Gentzen 表示

定义 3.13((Bi)LLC 的 Gentzen 表示)

$$\frac{}{x: A \Rightarrow x: A}id \qquad \frac{X \Rightarrow M: A \quad Y, x: A, Z \Rightarrow N: B}{Y, X, Z \Rightarrow N[M/x]: B}Cut$$

$$\frac{X \Rightarrow M: A \quad Y \Rightarrow N: B}{X, Y \Rightarrow \langle M, N \rangle: A \otimes B} \otimes R \quad \frac{X, x:A, y: B, Y \Rightarrow M: C}{X, z: A \otimes B, Y \Rightarrow M[(z)_0/x][(z)_1/y]: C} \otimes L$$

$$\frac{X, x: A \Rightarrow M: B}{X \Rightarrow \lambda xM: B/A}/R \quad \frac{X \Rightarrow M: A \quad Y, x: B, Z \Rightarrow N: C}{Y, y: B/A, X, Z \Rightarrow N[(yM)/x]: C}/L$$

$$\frac{x: A, X \Rightarrow M: B}{X \Rightarrow \lambda xM: A\backslash B}\backslash R \quad \frac{X \Rightarrow M: A \quad Y, x: B, Z \Rightarrow N: C}{Y, X, y:A\backslash B, Z \Rightarrow N[(yM)/x]: C}\backslash L$$

$$\frac{X, x_1: A_1, Y_1, \cdots, x_n: A_n, Y_n \Rightarrow M: B}{X, y_1: A_1 \rceil C, Y_1, \cdots, y_n: A_n \rceil C, Y_n \Rightarrow \lambda z.\ M[(y_1z)/x_1]\cdots[(y_nz)/x_n]: B \rceil C}\rceil R \quad (n > 0)$$

$$\frac{Y \Rightarrow M: B \quad X, x: B, Z, y: A, W \Rightarrow N: C}{X, Y, Z, z: A \rceil B, W \Rightarrow N[M/x][(zM)/y]: C}\rceil L$$

$$X, x_1 : A_1, Y_1, \cdots, x_n : A_n, Y_n \Rightarrow M : B$$

$$\overline{\qquad\qquad\qquad\qquad\qquad\qquad\qquad\qquad\qquad\qquad}\ulcorner R$$

$$X, y_1 : C \ulcorner A_1, Y_1, \cdots, y_n : C \ulcorner A_1, Y_n \Rightarrow \lambda z.\ M[(y_1 z)/x_1] \cdots$$
$$[(y_n z)/x_n] : C \ulcorner B \quad (n > 0)$$

$$Y \Rightarrow M : A \quad\quad X, x : B, Z, y : A, W \Rightarrow N : C$$

$$\overline{\qquad\qquad\qquad\qquad\qquad\qquad\qquad\qquad\qquad\qquad}\ulcorner L$$

$$X, z : A \ulcorner B, Z, Y, W \Rightarrow N[M/y][(zM)/x] : C$$

$$\Gamma \Rightarrow A \qquad\qquad\qquad\qquad X, A, Y \Rightarrow B$$

$$\overline{\qquad\qquad\qquad\qquad}R[\ ]i \quad \overline{\qquad\qquad\qquad\qquad}L[\ ]i$$

$$\Gamma \Rightarrow [A]i \qquad\qquad\qquad\qquad X, [A]i, Y \Rightarrow B$$

定理 3.14 在（Bi）LLC 的 Gentzen 表示中，如果 $\vdash_{(Bi)LLC} X \Rightarrow A$，那么就会存在 $X \Rightarrow A$ 的一个不带 Cut 规则的 Gentzen 证明。

证明：该定理的证明思路与 LLC 的 Gentzen 表示中 Cut 消去定理的证明思路相同，即在如下的三种情况下，消减 Cut 规则每一次应用的复杂度。

[1] Cut 规则中至少一个前提是同一公理。

[2] Cut 规则中的两个前提都是由逻辑规则应用而得且 Cut 公式在这两个前提中都是新生公式。

[3] Cut 规则中的两个前提都是由逻辑规则应用而得且 Cut 公式在一个前提中不是新生公式。

在情况 [1] 中，结论总是前提之一，所以 Cut 规则可直接消去。

在情况 [2] 中，我们仅讨论如下的这几种子情况：

（i）Cut 规则的左前提和右前提分别是应用 $\ulcorner R$ 规则和 $\ulcorner L$ 规则得到的。

$$X, A_1, Y_1, \cdots, A_n, Y_n \Rightarrow B \qquad\qquad U \Rightarrow D \quad V, B, Z, D, W \Rightarrow C$$

$$\overline{\qquad\qquad\qquad\qquad\qquad\qquad}\ulcorner R \quad \overline{\qquad\qquad\qquad\qquad\qquad\qquad\qquad}\ulcorner L$$

$$X, D\ulcorner A_1, Y_1, \cdots, D\ulcorner A_n, Y_n \Rightarrow D\ulcorner B \quad V, D\ulcorner B, Z, U, W \Rightarrow C$$
$$\overline{\hspace{10cm}}\ \text{Cut}$$
$$V, X, D\ulcorner A_1, Y_1, \cdots, D\ulcorner A_n, Y_n, Z, U, W \Rightarrow C$$

可转换为：

$$X, A_1, Y_1, \cdots, A_n, Y_n \Rightarrow B \quad V, B, Z, D, W \Rightarrow C$$
$$\overline{\hspace{3cm}}\ \text{id} \quad \overline{\hspace{6cm}}\ \text{Cut}$$
$$D \Rightarrow D V, X, A_1, Y_1, \cdots, A_n, Y_n, Z, D, W \Rightarrow C$$
$$\overline{\hspace{10cm}}\ \ulcorner L$$
$$V, X, D\ulcorner A_1, Y_1, \cdots, A_n, Y_n, Z, D, W \Rightarrow C$$
$$\vdots$$
$$\overline{\hspace{10cm}}\ \ulcorner L$$
$$U \Rightarrow D \quad V, X, D\ulcorner A_1, Y_1, \cdots, D\ulcorner A_{n-1}, Y_{n-1}, A_n, Y_n, Z, D, W \Rightarrow C$$
$$\overline{\hspace{10cm}}\ \ulcorner L$$
$$V, X, D\ulcorner A_1, Y_1, \cdots, D\ulcorner A_n, Y_n, Z, U, W \Rightarrow C$$

(ii) Cut 规则的左前提和右前提都是应用 $\ulcorner$R 规则得到的。

$$X, A_1, Y_1, \cdots, A_n, Y_n \Rightarrow B_1 \quad\quad Z, B_1, W_1, \cdots, B_m, W_m \Rightarrow C$$
$$\overline{\hspace{5cm}}\ \ulcorner R \quad \overline{\hspace{5cm}}\ \ulcorner R$$
$$X, D\ulcorner A_1, Y_1, \cdots, D\ulcorner A_n, Y_n \Rightarrow D\ulcorner B_1 \quad Z, D\ulcorner B_1, W_1, \cdots, D\ulcorner B_m, W_m \Rightarrow D\ulcorner C$$
$$\overline{\hspace{12cm}}\ \text{Cut}$$
$$Z, X, D\ulcorner A_1, Y_1, \cdots, D\ulcorner A_n, Y_n, W_1, D\ulcorner B_2, W_2, \cdots, D\ulcorner B_m, W_m \Rightarrow D\ulcorner C$$

可转换为：

$$X, A_1, Y_1, \cdots, A_n, Y_n \Rightarrow B_1 \quad\quad Z, B_1, W_1, \cdots, B_m, W_m \Rightarrow C$$
$$\overline{\hspace{12cm}}\ \text{Cut}$$

$$Z, X, A_1, Y_1, \cdots, A_n, Y_n, W_1, B_2, W_2, \cdots, B_m, W_m \Rightarrow C$$

$$\overline{\qquad\qquad\qquad\qquad\qquad\qquad\qquad\qquad\qquad\qquad\qquad\qquad}\ulcorner R$$

$$Z, X, D\ulcorner A_1, Y_1, \cdots, D\ulcorner A_n, Y_n, W_1, D\ulcorner B_2, W_2, \cdots, D\ulcorner B_m, W_m \Rightarrow D\ulcorner C$$

（iii）Cut 规则的左前提和右前提分别是应用 R ［ ］ i 规则和 L ［ ］ i 规则得到的。

$$\cfrac{\Gamma \Rightarrow A}{\Gamma \Rightarrow [A]\, i}\ R\,[\,]\,i \qquad\qquad \cfrac{X, A, Y \Rightarrow B}{X, [A]\, i, Y \Rightarrow B}\ L\,[\,]\,i$$

$$\overline{\qquad\qquad\qquad\qquad\qquad\qquad\qquad\qquad\qquad\qquad\qquad\qquad\qquad\qquad}\ Cut$$

$$X,\ \Gamma,\ Y \Rightarrow B$$

可转换为：

$$\cfrac{\Gamma \Rightarrow A \qquad X, A, Y \Rightarrow B}{X,\ \Gamma,\ Y \Rightarrow B}\ Cut$$

在情况 ［3］ 中，我们讨论如下的这几种子情况：

（i）Cut 规则的左前提和右前提分别是应用 ⌈L 规则和 ⌈R 规则得到的。

$$\cfrac{Y \Rightarrow A \quad X, x\colon B, Z, y\colon A, W \Rightarrow C\ulcorner D_1}{X, A\ulcorner B, Z, Y, W \Rightarrow C\ulcorner D_1}\ulcorner L \qquad \cfrac{U, D_1, Y_1, \cdots, D_n, Y_n \Rightarrow E}{U, C\ulcorner D_1, Y_1, \cdots, C\ulcorner D_n, Y_n \Rightarrow C\ulcorner E}\ulcorner R$$

$$\overline{\qquad\qquad\qquad\qquad\qquad\qquad\qquad\qquad\qquad\qquad\qquad\qquad\qquad\qquad}\ Cut$$

$$U, X, A\ulcorner B, Z, Y, W, Y_1, \cdots, C\ulcorner D_n, Y_n \Rightarrow C\ulcorner E$$

可转换为：

$$\cfrac{U, D_1, Y_1, \cdots, D_n, Y_n \Rightarrow E}{\qquad\qquad\qquad\qquad\qquad\qquad}\ulcorner R$$

$$X, x: B, Z, y: A, W \Rightarrow C \ulcorner D_1 \quad U, C \ulcorner D_1, Y_1, \cdots, C \ulcorner D_n, Y_n \Rightarrow C \ulcorner E$$
$$\rule{10cm}{0.4pt} \text{Cut}$$
$$Y \Rightarrow A \qquad U, X, x: B, Z, y: A, W, Y_1, \cdots, C \ulcorner D_n, Y_n \Rightarrow C \ulcorner E$$
$$\rule{10cm}{0.4pt} \ulcorner L$$
$$U, X, A \ulcorner B, Z, Y, W, Y_1, \cdots, C \ulcorner D_n, Y_n \Rightarrow C \ulcorner E$$

（ii）Cut 规则的左前提和右前提分别是应用 L [ ] i 规则和 R [ ] i 规则得到的。

$$X, A, Y \Rightarrow B \qquad\qquad B \Rightarrow A$$
$$\rule{4cm}{0.4pt} \text{L [ ] i} \qquad \rule{4cm}{0.4pt} \text{R [ ] i}$$
$$X, [A] i, Y \Rightarrow B \qquad\qquad B \Rightarrow [A] i$$
$$\rule{9cm}{0.4pt} \text{Cut}$$
$$X, [A] i, Y \Rightarrow [A] i$$

可转换为：

$$X, A, Y \Rightarrow B \qquad\qquad B \Rightarrow A$$
$$\rule{9cm}{0.4pt} \text{Cut}$$
$$X, A, Y \Rightarrow A$$
$$\rule{6cm}{0.4pt} \text{L [ ] i}$$
$$X, [A] i, Y \Rightarrow A$$
$$\rule{6cm}{0.4pt} \text{R [ ] i}$$
$$X, [A] i, Y \Rightarrow [A] i$$

在定理 3.14 的基础上直接可得如下的三个推论：

推论 3.15 (Bi) LLC 的 Gentzen 表示是可判定的。

推论 3.16 (Bi) LLC 的 Gentzen 表示具有子公式性。

推论 3.17 (Bi) LLC 具有有穷可读性。

3.5　（Bi）LLC 四种表示的等价性

引理 3.18 $\sigma(X, A_1 \rceil B, Y_1, \cdots, A_n \rceil B, Y_n) \to \sigma(X, A_1, Y_1, \cdots, A_n, Y_n) \rceil B$ 和 $\sigma(X, B \lceil A_1, Y_1, \cdots, B \lceil A_n, Y_n) \to \sigma(X, A_1, Y_1, \cdots, A_n, Y_n) \lceil B$ 是（Bi）LLC 公理表示中的定理。

证明：贾戈尔（G. Jäger, 2005）已经通过对 A_i（$1 \leqslant i \leqslant n$）在蕴涵式后件中出现的次数施归纳的方式证明了 $\sigma(X, A_1 \rceil B, Y_1, \cdots, A_n \rceil B, Y_n) \to \sigma(X, A_1, Y_1, \cdots, A_n, Y_n) \rceil B$ 是（Bi）LLC 公理表示中的定理。因此，这里我们仅给出 $\sigma(X, B \lceil A_1, Y_1, \cdots, B \lceil A_n, Y_n) \to \sigma(X, A_1, Y_1, \cdots, A_n, Y_n) \lceil B$ 是（Bi）LLC 公理表示中定理的证明。

［1］对 A_i（$1 \leqslant i \leqslant n$）在蕴涵式后件中出现的次数施归纳。当次数为 1 时，求 $\sigma(X, B \lceil A_1, Y_1) \to \sigma(X, A_1, Y_1) \lceil B$。由公理 A9、A10 以及积算子 $\otimes$ 的封闭性可得结论成立。

［2］假设当出现次数为 $m-1$（$1 \leqslant i < m-1$）时结论成立。

［3］求当出现次数为 m 时结论也成立，即求 $\sigma(X, B \lceil A_1, Y_1, \cdots, B \lceil A_m, Y_m) \to \sigma(X, A_1, Y_1, \cdots, A_m, Y_m) \lceil B$ 是（Bi）LLC 公理表示中的定理。

由归纳假设可得如下的两个公式是（Bi）LLC 公理表示中的定理。

（i）$\sigma(X, B \lceil A_1, Y_1, \cdots, B \lceil A_{m-1}, Y_{m-1}) \to \sigma(X, A_1, Y_1, \cdots, A_{m-1}, Y_{m-1}) \lceil B$

（ii）$\sigma(B \lceil A_m, Y_m) \to \sigma(A_m, Y_m) \lceil B$

由积算子的单调性可得

$\sigma(X, B \lceil A_1, Y_1, \cdots, B \lceil A_{m-1}, Y_{m-1}) \otimes \sigma(B \lceil A_m, Y_m) \to \sigma(X, A_1, Y_1, \cdots, A_{m-1}, Y_{m-1}) \lceil B \otimes \sigma(A_m, Y_m) \lceil B$

由积算子 $\otimes$ 的封闭性 + 公理 A11 可得结论成立，即 $\sigma(X, B \lceil A_1, Y_1, \cdots, B \lceil A_m, Y_m) \to \sigma(X, A_1, Y_1, \cdots, A_m, Y_m) \lceil B$ 是（Bi）LLC 公理表示中的定理。

定理 3.19　（Bi）LLC 的公理表示与 Gentzen 表示之间具有等价性。

证明：［1］证明（Bi）LLC 的公理表示中的公理和推导规则都是（Bi）LLC 的 Gentzen 表示中可证的。以（Bi）LLC 公理表示中的公理 A_5、A_6、A_7、A_8 以及推导规则 $R_{(Bi)LLC2}$ 为例：

A_5：

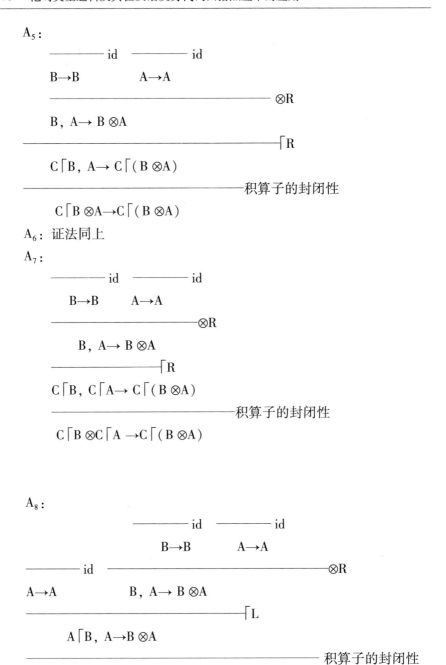

$$\frac{\dfrac{\quad}{B\to B}\ id \qquad \dfrac{\quad}{A\to A}\ id}{B,\ A\to B\otimes A}\ \otimes R$$

$$\frac{B,\ A\to B\otimes A}{C\lceil B,\ A\to C\lceil(B\otimes A)}\ \lceil R$$

$$\frac{C\lceil B,\ A\to C\lceil(B\otimes A)}{C\lceil B\otimes A\to C\lceil(B\otimes A)}\ \text{积算子的封闭性}$$

A_6：证法同上

A_7：

$$\frac{\dfrac{\quad}{B\to B}\ id \qquad \dfrac{\quad}{A\to A}\ id}{B,\ A\to B\otimes A}\ \otimes R$$

$$\frac{B,\ A\to B\otimes A}{C\lceil B,\ C\lceil A\to C\lceil(B\otimes A)}\ \lceil R$$

$$\frac{C\lceil B,\ C\lceil A\to C\lceil(B\otimes A)}{C\lceil B\otimes C\lceil A\to C\lceil(B\otimes A)}\ \text{积算子的封闭性}$$

A_8：

$$\frac{\dfrac{\quad}{B\to B}\ id \qquad \dfrac{\quad}{A\to A}\ id}{B,\ A\to B\otimes A}\ \otimes R$$

$$\frac{\dfrac{\quad}{A\to A}\ id \qquad B,\ A\to B\otimes A}{A\lceil B,\ A\to B\otimes A}\ \lceil L$$

$$\frac{A\lceil B,\ A\to B\otimes A}{A\lceil B\otimes A\to B\otimes A}\ \text{积算子的封闭性}$$

R6 由⌐R 规则直接可得。

［2］证明（Bi）LLC 的 Gentzen 表示中的规则都是（Bi）LLC 的公理表示中可证的。以（Bi）LLCGentzen 表示中的⌐R、⌐L 以及 R［］i、L［］i 为例：

⌐R：假设 $\sigma(X, A_1, Y_1, \cdots, A_n, Y_n) \Rightarrow B$ 在（Bi）LLC 的公理表示中可证。

由 $R_{(Bi)LLC2}$ 得

$C \ulcorner \sigma(X, A_1, Y_1, \cdots, A_n, Y_n) \Rightarrow C \ulcorner B$

由引理 3.18 得

$\sigma(X, C \ulcorner A_1, Y_1, \cdots, C \ulcorner A_n, Y_n) \Rightarrow C \ulcorner B$

⌐L：假设 $\sigma(Y) \Rightarrow A$ 和 $\sigma(X, B, Z, A, W) \Rightarrow C$

由公理 A_8 得

$\sigma(A \ulcorner B, Z, A) \Rightarrow \sigma(B, Z, A)$

由积算子的单调性得

$\sigma(X, A \ulcorner B, Z, A, W) \Rightarrow \sigma(X, B, Z, A, W)$

由假设 $\sigma(X, B, Z, A, W) \Rightarrow C$ 得

$\sigma(X, A \ulcorner B, Z, A, W) \Rightarrow C$

由假设 $\sigma(Y) \Rightarrow A$ 得

$\sigma(X, A \ulcorner B, Z, Y, W) \Rightarrow C$

R［］i、L［］i 情况下的证明可参见满海霞（2011）的相关研究。

定理 3.20 （Bi）LLC 的自然推演表示与 Gentzen 表示之间具有等价性。

证明：［1］证明（Bi）LLC 自然推演表示中的推导规则都是（Bi）LLC 的 Gentzen 表示中可证的。以⌐I 和⌐E 规则为例：

⌐I：

$$\cfrac{\cfrac{X, A_1, Y_1, \cdots, A_n, Y_n \Rightarrow B}{\qquad}{\ulcorner R}}{Z_i \Rightarrow C \ulcorner A_i \qquad X, C \ulcorner A_1, Y_1, \cdots, C \ulcorner A_n, Y_n \Rightarrow C \ulcorner B} {\text{Cut}}$$

$$X, Z_1, Y_1, \cdots, Z_n, Y_n \Rightarrow C \ulcorner B$$

$$⌐E: \qquad \frac{X \Rightarrow B \qquad Z, A, W, B, U \Rightarrow C}{Z, B⌐A, W, B, U \Rightarrow C} ⌐L$$

$$\frac{Y \Rightarrow B⌐A \qquad\qquad Z, B⌐A, W, B, U \Rightarrow C}{Z, Y, W, X, U \Rightarrow C} Cut$$

〔2〕证明（Bi）LLCGentzen 表示中的推导规则都是（Bi）LLC 自然推演表示中可证的。以⌐R 和⌐L 规则为例:

$$⌐R:$$

$$\frac{X, A_1, Y_1, \cdots, A_n, Y_n \Rightarrow B \qquad C⌐A_i \Rightarrow C⌐A_i \quad (1 \leqslant i < n)}{X, C⌐A_1, Y_1, \cdots, C⌐A_n, Y_n \Rightarrow C⌐B} ⌐I$$

$$⌐L: \frac{\dfrac{}{A⌐B \Rightarrow A⌐B} id \qquad Y \Rightarrow A \qquad X, B, Z, A, W \Rightarrow C}{X, A⌐B, Z, Y, W \Rightarrow C} ⌐E$$

定理 3.21　（Bi）LLC 的树模式表示与自然推演表示之间具有等价性。

证明：贾戈尔（G. Jäger, 2005）已经证明 LLC 的树模式表示与自然推演表示之间具有等价性。（Bi）LLC 的树模式表示与自然推演表示之间的等价性证明可参见贾戈尔的相关研究。

推论 3.22　（Bi）LLC 的四种表示方式之间都是等价的。

证明：由定理 3.19、定理 3.20 以及定理 3.21 可得。

3.6　语言学中的应用

在本章开始的部分，我们已经说明了 LLC 对汉语反身代词回指照应中的"长距离约束"问题、主语倾向性问题以及语句中反身代词先行语缺失问题的处理，本小节中我们将通过几个具体的例子说明（Bi）LLC

对汉语反身代词回指照应的另外两个问题，即"次统领问题"和先行语
后置的问题的解决。

例 3.3 张三的自尊心害了自己。

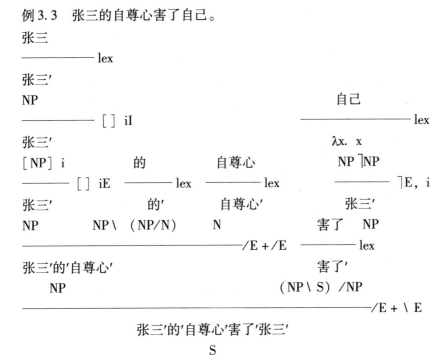

例 3.4 张三大骂了指着自己的鼻子的李四。

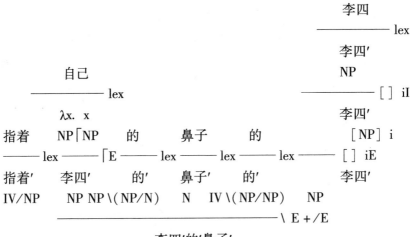

$$\frac{NP}{指着'李四'的'鼻子'}/E$$

张三　　　大骂了　　　　　　　　IV

$$\frac{}{张三'　　大骂了'　　　　指着'李四'的'鼻子'的'李四'} lex \quad \frac{}{} lex \quad \frac{}{} \backslash E + /E$$

NP　　　(NP \ S) /NP　　　　　　　　NP

$$\frac{}{}/E$$

+ /E

张三'大骂了'指着'李四'的'鼻子'的'李四'

S

例 3.4 [1]

张三

$$\frac{}{张三'} lex$$

NP　　　　　　　　　　　　自己

$$\frac{}{张三'} [\ ] iI \qquad \frac{}{λx.\ x} lex$$

[NP] i　　　　　指着　　NP⌉NP　的　　鼻子　的　　　李四

$$\frac{}{张三'} [\ ] iE \quad \frac{}{指着'} lex \quad \frac{}{张三'} E \frac{}{的'} lex \frac{}{鼻子'} lex \frac{}{的'} lex \frac{}{李四'} lex$$

NP　　　　　IV/NP　　NP　NP\(NP/N)　N　IV\(NP/NP)　NP

$$\frac{}{}\backslash E + /E$$

张三'的'鼻子'

NP

$$\frac{}{指着'张三'的'鼻子'}/E$$

大骂了　　　　　　　　IV

$$\frac{}{大骂了'　　　　指着'张三'的'鼻子'的'李四'} lex \quad \frac{}{} \backslash E + /E$$

(NP \ S) /NP　　　　　　　　NP

$$\overline{\hspace{8cm}}/E + \backslash E$$

张三′大骂了′指着′张三′的′鼻子′的′李四′

S

例 3.4 [2]

在上面的例子中，例 3.3 中的语句"张三的自尊心害了自己"，包含反身代词"自己"，而这一反身代词的先行语则是名词短语"张三的自尊"中的"张三"，这即是我们所说的次统领问题。使用了 [ ] iI 规则后，我们就能准确地对先行语"张三"进行加标以应用 $\lceil$ E 规则，这之后再对"张三"这一词条使用 [ ] iE 规则以便于这一词条以及其所对应的范畴能够继续进行下面的推导。

在例 3.4 中，我们给出了语句"张三大骂了指着自己的鼻子的李四"的两种推导。在推导 [1] 中，反身代词"自己"回指的先行语是"李四"，所以其范畴就是 NP$\lceil$NP，因为这里的先行语"李四"被置于反身代词"自己"之后；在推导 [2] 中，反身代词"自己"回指的先行语是"张三"，所以其范畴就是 NP$\rceil$NP，因为这里的先行语"张三"位于反身代词"自己"之前。通过这些例子，我们可以看到（Bi）LLC 能充分分析反身代词与其先行语之间的回指照应问题以弥补 LLC 的不足。

第 4 章　多模态范畴类型逻辑与 MMLLC 系统

　　本书第 3 章中所给出的（Bi）LLC 系统将竖线算子"｜"修正为向前搜索的竖线算子"⌐"和向后搜索的竖线算子"⌐"以便于刻画反身代词搜索其先行语时不同的搜索方向，而满海霞（2011）所给出的［ ］i 算子的引入则是为次统领问题的解决提供范畴类型逻辑上的技术方案。本章中，我们暂时忽略反身代词向后搜索其先行语的情况，而将注意力集中在反身代词回指照应中的如下两个问题上，即多个先行语的问题以及反身代词转变为泛指代词的问题。

　　在句子"张三的自大和李四的散漫害了他们自己"中，反身代词"他们自己"的先行语是"张三"和"李四"。这时不但涉及次统领的问题，还涉及多个先行语的问题，即反身代词的先行语多于一个时如何处理的问题。而在句子"自己崇拜自己"中，反身代词"自己"（第二个）所回指的先行语"自己"（第一个）是一个泛指代词，即指称任意的个体但具体指称哪一个却不确定。这时就称反身代词"自己"（第一个）出现了反身代词转变为泛指代词的问题。这两个问题都不能在（Bi）LLC 系统中得到解决，因此，为了保持汉语反身代词回指照应问题上的特殊语言特点并为这种特点构建范畴类型逻辑的解决方案，本章中我们将给出一个多模态的范畴类型逻辑系统 MMLLC。

　　本章共分四节，其中第 4.1 节是关于多模态范畴类型逻辑的一个简单介绍；第 4.2 节中构建了多模态范畴类型逻辑系统 MMLLC 的公理表示；第 4.3 节中给出了多模态范畴类型逻辑 MMLLC 的 Gentzen 表示；第 4.4 节则是 MMLLC 在语言学中的应用。

4.1　多模态的范畴类型逻辑

正如绪言中所述，所谓多模态的范畴类型逻辑就是将不同的范畴类型逻辑系统（如 NL、L 等）整合到一个逻辑系统当中，这样做有如下的两个特点：

[1] 我们可以在传统范畴类型逻辑中自由选择生成能力不同的系统来构成一个多模态的范畴类型逻辑系统，这种做法不但使得一个系统可以刻画语法和语义上的不同特征，还提升了范畴类型逻辑的生成能力（或表达力）。

[2] 张璐（2013）指出多模态的范畴类型逻辑在处理自然语言现象时允许我们"构建丰富的词库，为词条编码足够进行运算的信息，降低了逻辑系统本身的复杂程度。在具有普遍意义的基本运算的基础上，通过少量词条编码的微调就可以达到'大词库，小规则'的普遍语法目的"①。

本节中多模态范畴类型逻辑在公理表示以及 Gentzen 表示中所要注意的一些问题以及特点将分别在本章 4.1.1 小节和 4.1.2 小节中给出。②

4.1.1　多模态范畴类型逻辑公理表示中的特点

多模态范畴类型逻辑是范畴类型逻辑混合或多种字母表（multiplicative vocabulary）研究进路上的产物。本质上来说，这一研究进路并没有改变范畴演算中很多的模型论性质和证明论性质，但是却增加了范畴类型逻辑在处理语言学问题上的精细程度，即传统范畴类型逻辑中不同系统所具有的不同限制在一定程度上都能被克服。例如，非结合的兰贝克演算 NL 所具有的性质最少（既无结合性也无交换性），而结合的兰贝克演算 L 则具有结合性但却不具有交换性，如果将 NL 和 L 混合到一起，那么就能在同一系统中处理不体现结合性的语言现象和体现结合性的语言现象。

在传统的范畴类型逻辑当中，构成范畴或公式的算子主要有如下的三

---

① 张璐：《汉语形名结构的范畴语法系统》，中国社会科学院研究生院博士学位论文，2013 年，第 74 页。

② 由于多模态范畴类型逻辑系统中的公理表示关系到系统的框架语义以及可靠性、完全性的问题，而 Gentzen 表示则涉及可判定性的问题，因此本章中所介绍的多模态范畴类型逻辑的相关内容将只涉及公理表示和 Gentzen 表示的问题。

个，即积算子⊗、左斜线算子＼和右斜线算子／。对这三个算子的解释也是在单一语言下的构成规则所给出的，因此，传统范畴类型逻辑中的系统都是在单一语言下构成的（具有）单一（性质的）系统。在多模态范畴类型逻辑当中，我们的研究对象由这些单一的系统转变为这些系统的混合，并在这种混合的基础上探索新的语法推导规则，以体现这些系统混合后所具有的沟通方式或互动过程。

在将传统范畴类型中的不同系统整合成为一个多模态范畴类型逻辑系统的过程中，这些系统在处理语料时原本所具有的特点都要被原封不动地保留下来。这一要求能够通过将语言学中的构成规则进行相对化处理以体现语料处理中的特殊性来达成。多模态范畴类型逻辑系统与构成它的传统范畴逻辑系统相比要具有更强的生成能力。这"多出来的"生成能力是从沟通假定（interaction postulates）中得到的，而沟通假定所体现的就是构成多模态范畴类型逻辑的不同系统中的公式之间的推导。

在语法层面，多模态范畴逻辑系统中的范畴或公式能够在原子范畴 A 以及参数集 I 的基础上递归定义如下：

定义 4.1.1（多模态范畴类型逻辑中的公式 F）相对于参数集合 I 中的任意元素 i 而言，多模态范畴类型逻辑中的公式 F 可被递归定义如下：
$F = A, F \otimes_i F, F/_i F, F \backslash_i F$　　（$A \in \{NP, N, S\}$）

多模态范畴类型逻辑的框架 F_{MML} 是一个数组 $\langle W_{MML}, R_i \rangle$（$i \in I$），其中 W_{MML} 是语言符号串构成的非空集，i 是参数集 I 中的元素，R_i 则是 W_{MML} 上的三元关系。在此基础上，多模态范畴类型逻辑的模型 M_{MML} 可被规定为如下这一数组 $\langle W_{MML}, R_i, v_{MML} \rangle$（$i \in I$），其中 $\langle W_{MML}, R_i \rangle$ 是多模态范畴类型逻辑的框架，v_{MML} 则是模型 M_{MML} 上的赋值函数且可被定义如下：

定义 4.1.2（模型 M_{MML} 上的赋值 v_{MML}）在多模态范畴类型逻辑的模型 M_{MML} 中，v_{MML} 是从原子公式集到 W_{MML} 的子集的函数且 v_{MML} 可以被扩充如下：

［1］ $\| A \|_{M MML} = v_{MML}$（A）当且仅当 $A \in \{NP, N, S\}$

［2］ $\| A \otimes_i B \|_{M MML} = \{x \mid \exists y \exists z (y \in \| A \|_{M MML} \wedge z \in \| B \|_{M MML} \wedge R_i xyz)\}$

［3］ $\| A \backslash_i B \|_{M MML} = \{x \mid \forall y \forall z (y \in \| A \|_{M MML} \wedge R_i zyx \rightarrow z \in \| B \|_{M MML})\}$

［4］ $\| A/_i B \|_{M MML} = \{x \mid \forall y \forall z (y \in \| B \|_{M MML} \wedge R_i zxy \rightarrow z \in \| A$

‖ M MML)}

相对于参数 i（∈I），多模态范畴类型逻辑中的推导规则可被规定如下：A→C/ᵢB 当且仅当 A ⊗ᵢB→C 当且仅当 B→A \ ᵢC

到目前为止，我们所做的仅仅是将不同的、孤立的系统放到一个多模态范畴类型逻辑系统中而已。对于获得更强的推理能力这一目的而言，这种做法也已足够而且还能避免多模态范畴类型逻辑系统坍塌到某一个我们最不想得到的传统范畴类型逻辑系统中去的情况。但即使是这样，构成多模态范畴类型逻辑的不同系统之间的界限仍然鲜明，而如果要使得这些不同的系统之间能够进行沟通和交流，主要有如下的两个方式可供我们选择：

[1] 包含假设（inclusion postulates）

对于参数集 I 中的任两个参数 i 和 j，如果我们假定带有这两个参数的公式之间在推导能力上有一定的层级性，那么在语法上就能得到类似于 A ⊗ᵢB→A ⊗ⱼB 这样的公式，而在框架的基础假设中则要相对应地增加 ∀x ∀y ∀z（Rᵢxyz→Rⱼxyz）这一规定。

[2] 沟通假设

对于参数集 I 中的任两个参数 i 和 j，我们可以在多模态的范畴类型逻辑系统中增加 A ⊗ᵢ(B ⊗ⱼC) ↔B ⊗ⱼ(A ⊗ᵢC) 这样的公式以体现带有这两个参数的公式之间的互动或关联，而在框架的基础假设中则要相对应地增加如下这一规定：对于 W_MML 中的任意元素 u，x，y，z 而言，∃t ∃t′（Rᵢuxt ∧Rⱼtyz ↔Rⱼuyt′∧Rᵢt′xz）成立。

4.1.2　多模态范畴类型逻辑 Gentzen 表示中的特点

莫特盖特（M. Moortgat，1995）给出了多模态范畴类型逻辑的一个 Gentzen 表示版本。本小节中我们首先介绍的就是莫特盖特的这一版本。

定义 4.1.3（多模态范畴类型逻辑 Gentzen 表示的结构项 S）

$$S = F,\ (S,\ S)^{i}$$

定义 4.1.4（多模态范畴类型逻辑 Gentzen 表示中的逻辑规则）

$(\Gamma,\ B)^{i} \Rightarrow A$　　　　　　　　　　$\Gamma \Rightarrow B$　$\Delta[A] \Rightarrow C$

$$\frac{}{\Gamma\Rightarrow A/_iB}\ [R/_i]\qquad\frac{}{\Delta[\ (\ A/_iB,\ \Gamma)^i]\ \Rightarrow C}\ [L/_i]$$

$$\frac{(B,\ \Gamma)^i\Rightarrow A}{\Gamma\Rightarrow B\backslash_iA}\ [R\backslash_i]\qquad\frac{\Gamma\Rightarrow B\quad \Delta[A]\ \Rightarrow C}{\Delta[\ (\Gamma,\ B\backslash_iA)^i]\ \Rightarrow C}\ [L\backslash_i]$$

$$\frac{\Gamma\Rightarrow A\quad \Delta\Rightarrow B}{(\Gamma,\ \Delta)^i\Rightarrow A\otimes_iB}\ [R\otimes_i]\qquad\frac{\Gamma[\ (A,\ B)^i]\ \Rightarrow C}{\Gamma[\ (A\otimes B)^i]\ \Rightarrow C}\ [L\otimes_i]$$

由于 id 和 Cut 在兰贝克演算的四个系统（结合且交换、结合且非交换、非结合且交换、非结合且非交换的兰贝克系统）中都会出现，所以这两个规则无需加标，可被表示如下：

$$\frac{}{A\Rightarrow A}\ [\,id\,]\qquad\frac{\Gamma\Rightarrow A\quad \Delta[A]\ \Rightarrow B}{\Delta[\Gamma]\ \Rightarrow B}\ [Cut]$$

在多模态范畴类型逻辑的 Gentzen 表示中，结构规则以及沟通假设可被表示如下：

结构规则：

$$\frac{\Gamma[(\Delta_1,\ \Delta_2)^i,\ \Delta_3]^i\Rightarrow A}{\Gamma[\Delta_1,\ (\Delta_2,\ \Delta_3)^i]^i\Rightarrow A}\ [\,结合性\,]$$

$$\frac{\Gamma[\Delta_1,\ \Delta_2]^i\Rightarrow A}{\Gamma[\Delta_2,\ \Delta_1]^i\Rightarrow A}\ [\,交换性\,]$$

沟通假设：

$$\frac{\Gamma[(\Delta_2,(\Delta_1,\Delta_3)^i)^j]\Rightarrow A}{\Gamma[(\Delta_1,(\Delta_2,\Delta_3)^j)^i]\Rightarrow A}\ [\text{MP}]\ (\text{mixed commutativity})$$

$$\frac{\Gamma[((\Delta_1,\Delta_2)^i,\Delta_3)^j]\Rightarrow A}{\Gamma[(\Delta_1,(\Delta_2,\Delta_3)^j)^i]\Rightarrow A}\ [\text{MA}]\ (\text{mixed associativity})$$

4.2　多模态范畴类型逻辑系统 MMLLC 的公理表示

4.2.1　语言学背景

在多模态的范畴类型逻辑系统 MMLLC 中，我们所要解决的语言学问题主要有如下两类：

[1] 多个先行语的问题

本书中我们所处理的多个先行语的问题是指那些反身代词回指的先行语多于一个且这些先行语由合取联结词（如"和"、"且"等）联结的语言现象。

例 4.2.1 张三和李四都崇拜他们自己。

例 4.2.2 张三和李四害了他们自己。

例 4.2.3 张三的自大和李四的散漫害了他们自己。

例 4.2.4 张三的自大和李四的散漫分别害了他们自己。

上面的例子可被分为两类：例 4.2.1 和例 4.2.2 是纯粹的多个先行语的问题，而例 4.2.3 和例 4.2.4 除涉及多个先行语的问题外还涉及次统领的问题。

例 4.2.1 中，反身代词"他们自己"分别回指先行语"张三"和"李四"，也就是说语句"张三和李四都崇拜他们自己"的意思实际上是指张三崇拜他自己且李四崇拜他自己。例 4.2.2 中，反身代词"他们自己"则回指先行语"张三和李四"，即名词短语"张三和李四"作为一个整体成为反身代词"他们自己"的先行语。

例 4.2.3 中，反身代词"他们自己"的先行语是"张三"和"李四"这一整体，而不是"张三的自大和李四的散漫"这一名词短语，所以说例 4.2.3 既涉及多个先行语的问题，还涉及我们之前所说的次统领的问题。例 4.2.4 中，反身代词"他们自己"的先行语分别是"张三"和"李四"，而不是"张三的自大"和"李四的散漫"，即语句"张三的自大和李四的散漫分别害了他们自己"的意思是说张三的自大害了他自己而且李四的散漫（也）害了他自己。

［2］反身代词转变为泛指代词的问题

例 4.2.5 自己欣赏自己。

例 4.2.6 自己欣赏自己的作品。

在例 4.2.5 中，第一个"自己"被认为是一个泛指代词，在这里如果我们假定"自己"的范畴是 NP|NP，那么在例 4.2.5 中"自己"的范畴就转化为了泛指代词的范畴 NP。例 4.2.6 中，"自己"不再作为宾语出现，而是作为宾语"自己作品"中的一个构成成分出现。

对于上述的两个问题，我们可在本章中给出的多模态范畴类型逻辑系统 MMLLC 中分别解决。

首先，对于多个先行语的问题，我们可以通过对表示合取的语词"和"（还有"并且"、"且"等）进行如下的两种处理来解决。

［1］由合取语词连接而成的先行语需做分别处理的情况

例 4.2.1 即属于这种情况。对于这种先行语需做分别处理的情况，我们可通过区分积算子的方式进行解决，即将表示合取的语词"和"等表示为一个带有参数的积算子如 $\otimes_i (i \in I)$，而将其他的积算子表示为带有另一参数的积算子，如 $\otimes_j (j \in I$ 且 $i \neq j)$。在此基础上需再添加如下的结构假设：

MP$_1$：　　$(A \otimes_i B) \otimes_j C \rightarrow (A \otimes_j C) \otimes_i (B \otimes_j C)$

MP$_2$：　　$A \otimes_i B \rightarrow A$

MP$_3$：　　$A \otimes_i B \rightarrow B$

其中，MP$_1$ 所表示的是积算子 $\otimes_j$ 对积算子 $\otimes_i$ 的分配，而 MP$_2$ 和 MP$_3$ 则使得我们能够从由合取词项连接而得到的词项中得到其中的任意合取支。

下文中，我们可以在对例 4.2.1 的推导中看到上述结构假设在具体推导中的应用：

例 4.2.1 的推导

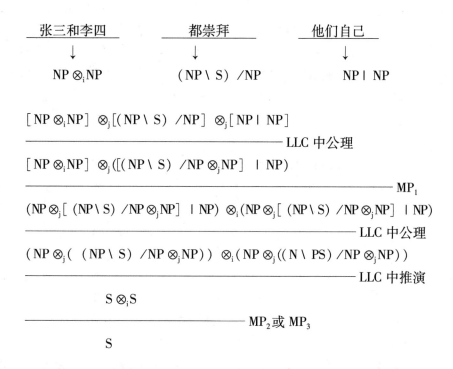

[2] 由合取语词连接而成的先行语需做整体处理的情况

如果我们将例 4.2.2 理解为"张三和李四"作为一个整体"害了他们自己"的话,那么这一例子就属于由合取语词连接而成的先行语需做整体处理的情况。

与上一种情况不同,在这种情况下,表示合取的词项,如"和"需要起到连接个体词项的作用,因此我们可将这类词项的范畴和 λ 词项分别规定如下:

和

(NP \ NP) /NP

λxy. Cxy

在这一规定的基础上,例 4.2.2 可被推导如下:

例 4.2.1 的推导

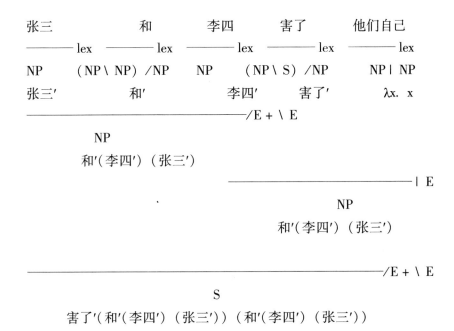

对于例 4.2.3 和例 4.2.4 这种多个先行语与次统领问题掺杂在一起的问题，由于前一章已经通过有关 [ ] i 算子的添加和消去规则处理次统领问题，因此通过添加上面列出的公理和推导规则就能对例 4.2.3 和例 4.2.4 中的问题加以处理。

其次，对于反身代词转变为泛指代词的问题，我们借鉴语言学中的理论，将泛代词化的反身代词视为已经与某一先行语相结合因而会形成的一类代词。在这一语言学理论的基础上，我们可引入如下的结构假设：

$MP_4: A \mid A \otimes_j B \rightarrow (A \otimes_i A \mid A) \otimes_j B$

本小节中，我们以例 4.2.5 和例 4.2.6 的推导为例说明这一结构假设的作用。

例 4.2.5 的推导

自己	欣赏	自己
↓	↓	↓
NP∣NP	(NP\S)/NP	NP∣NP

$$NP \mid NP \otimes_j (NP \backslash S) / NP \otimes_j NP \mid NP$$
———————————————————————— MP_4
$$(NP \otimes_i NP \mid NP) \otimes_j (NP \backslash S) / NP \otimes_j NP \mid NP$$
———————————————————————— LLC 中公理
$$(NP \otimes_i NP) \otimes_j (NP \backslash S) / NP \otimes_j NP \mid NP$$
———————————————————————— MP_2
$$NP \otimes_j (NP \backslash S) / NP \otimes_j NP \mid NP$$
———————————————————————— LLC 中公理
$$NP \otimes_j [(NP \backslash S) / NP \otimes_j NP] \mid NP$$
———————————————————————— LLC 中公理
$$NP \otimes_j (NP \backslash S) / NP \otimes_j NP$$
———————————————————————— LLC 中推演

S

例 4.2.6 的推导

自己	欣赏	自己	的	作品
↓	↓	↓	↓	↓
NP∣NP	(NP\S)/NP	NP∣NP	NP\(NP/NP)	NP

$$NP \mid NP \otimes_j (NP \backslash S) / NP \otimes_j NP \mid NP \otimes_j NP \backslash (NP/NP) \otimes_j NP$$
———————————————————————————— MP_4
$$(NP \otimes_i NP \mid NP) \otimes_j (NP \backslash S) / NP \otimes_j NP \mid NP \otimes_j NP \backslash (NP/NP) \otimes_j NP$$
———————————————————————————— LLC 中公理
$$NP \otimes_j (NP \backslash S) / NP \otimes_j NP \mid NP \otimes_j NP \backslash (NP/NP) \otimes_j NP$$
———————————————————————————— LLC 中公理

$$NP \otimes_j [（NP \backslash S） /NP \otimes_j NP] | NP \otimes_j NP \backslash （NP/NP） \otimes_j NP$$

―――――――――――――――――――――――――――― LLC 中公理

$$NP \otimes_j （NP \backslash S） /NP \otimes_j NP \otimes_j NP \backslash （NP/NP） \otimes_j NP$$

―――――――――――――――――――――――――――― LLC 中推演

$$NP \otimes_j （NP \backslash S） /NP \otimes_j NP$$

―――――――――――――――――――――――――――― LLC 中推演

$$S$$

4.2.2　MMLLC 的公理表示

本小节中，我们将给出多模态范畴类型逻辑系统 MMLLC 的公理表示以及该系统的可靠性和完全性证明。

定义 4.2.1 （MMLLC 的公式 F）

$F = A, F \otimes_k F, F/F, F \backslash F, F | F$　　$A \in \{NP, N, S\}$

本章中，$k \in \{i, j\}$。

定义 4.2.2 （MMLLC 中的范畴集 CAT $*$）　MMLLC 的范畴集 $CAT * = CAT \cup CAT_k$。其中如果 A、B $\in CAT_k$，那么 $A \otimes_k B \in CAT_k$。如果 A、B $\in CAT$，那么 $A \backslash B$、A/B、$A | B \in CAT$。

定义 4.2.3 （MMLLC 的公理表示）

公理：LLC 中的公理

结构假设：MP_1：$（A \otimes_i B） \otimes_j C \rightarrow （A \otimes_j C） \otimes_i （B \otimes_j C）$

　　　　　MP_2：$A \otimes_i B \rightarrow A$　　A、B $\in CAT_i$

　　　　　MP_3：$A \otimes_i B \rightarrow B$　　A、B $\in CAT_i$

　　　　　MP_4：$A | A \otimes_j B \rightarrow （A \otimes_i A | A） \otimes_j B$

推导规则：LLC 中推导规则

定义 4.2.4 （MMLLC 的框架 F_{MMLLC}）　MMLLC 的框架 F_{MMLLC} 是一个四元组 $\langle W, R_k, S, \sim \rangle$

［1］W 是一个非空且由语言符号串构成的集合

[2] R_k 和 S 是 W 上的三元关系且对于 W 中的任意五个元素 x、y、z、u、v 而言，下面的条件要被满足：

(i) $R_k xyz \wedge R_k zuv \rightarrow \exists w\ (R_k wyu \wedge R_k xwv)$

(ii) $R_k xyz \wedge R_k yuv \rightarrow \exists w\ (R_k wvz \wedge R_k xuw)$

[3] ~是 W 上的二元关系

定义 4.2.5（MMLLC 的模型 M_{MMLLC}）　MMLLC 的模型 M_{MMLLC} 是一个六元组 $\langle W, R_k, S, \sim, f, g_k \rangle$，其中四元组 $\langle W, R_k, S, \sim \rangle$ 是 MMLLC 的框架 F_{MMLLC}，f 是一个从原子公式到 W 子集的函数，g_k 是一个从 MMLLC 公式到 W 的函数且满足下面的条件：

$$g_k\ (F) = \begin{cases} g_{LLC}(F)，如果 F = A, F/F, F \backslash F, F \mid F\quad A \in \{NP, N, S\} \\ g_i(F)，如果 F = F \otimes_i F \\ g_j(F)，如果 F = F \otimes_j F \end{cases}$$

定义 4.2.6（模型 M_{MMLLC} 下的解释）　模型 M_{MMLLC} 下的解释 $\| \cdot \|$ 可被递归定义如下：

[1] $\| A \|_{M\,MMLLC} = f\ (A)$ 当且仅当 $A \in \{NP, N, S\}$

[2] $\| A \otimes_k B \|_{M\,MMLLC} = \{x \mid \exists y\, \exists z\, (y \in \| A \|_{M\,MMLLC} \wedge z \in \| B \|_{M\,MMLLC} \wedge R_k xyz)\}$

[3] $\| A \backslash B \|_{M\,MMLLC} = \{x \mid \forall y\, \forall z\, (y \in \| A \|_{M\,MMLLC} \wedge R_k zyx \rightarrow z \in \| B \|_{M\,MMLLC})\}$

[4] $\| A/B \|_{M\,MMLLC} = \{x \mid \forall y\, \forall z\, (y \in \| B \|_{M\,MMLLC} \wedge R_k zxy \rightarrow z \in \| A \|_{M\,MMLLC})\}$

[5] $\| A \mid B \|_{M\,MMLLC} = \{x \mid \exists y\, (y \in \| A \|_{M\,MMLLC} \wedge Sxyg_k\ (B))\}$

定义 4.2.7（有效性）　对于 MMLLC 的模型 M_{MMLLC} 以及 MMLLC 中的任意非空公式集 X 和公式 A，$\models X \Rightarrow A$，当且仅当 $\| X \|_{M\,MMLLC} \subseteq \| A \|_{M\,MMLLC}$。

定义 4.2.8（框架 F_{MMLLC} 上的限制条件）　除 LLC 中框架上的限制条件外，我们增加如下的这几条限制条件：对于 W 中的任意元素 x、y、z、u、v 而言，下面的几个条件要被满足：

[1] $R_j xyz \wedge R_i yuv \rightarrow \exists m\, \exists n(R_i xmn \wedge R_j muz \wedge R_j nvz)$

[2] $R_i xyz \rightarrow R_i xy\ \varnothing$

[3] $R_i xyz \rightarrow R_i x\ \varnothing\ z$

[4] $R_j xyz \wedge Syug_k(A) \wedge u \sim g_k(A) \rightarrow \exists v(R_j xvz \wedge R_i vuy)$

定理 4.2.9（MMLLC 的可靠性）如果 $\vdash_{MMLLC} X \to A$，那么 $\vDash X \to A$。

证明：对从 X 到 A 的证明长度施归纳。当证明长度为 1 时，我们所得到的是 MMLLC 中的公理。本书中，我们将证明 MMLLC 中新增加的结构公设 $MP_1 - MP_4$ 是有效的。

[1] MP_1：$(A \otimes_i B) \otimes_j C \to (A \otimes_j C) \otimes_i (B \otimes_j C)$

求 $\| (A \otimes_i B) \otimes_j C \|_{M\,MMLLC} \subseteq \| (A \otimes_j C) \otimes_i (B \otimes_j C) \|_{M\,MMLLC}$。

假设对于任意属于 W 的 x，$x \in \| (A \otimes_i B) \otimes_j C \|_{M\,MMLLC}$，那么由定义 4.2.6 [2] 可得 $\exists y \exists z \exists u \exists v$ $(u \in \| A \|_{M\,MMLLC} \land v \in \| B \|_{M\,MMLLC} \land z \in \| C \|_{M\,MMLLC} \land R_j xyz \land R_i yuv)$，再由定义 4.2.8 [1] 可得 $\exists m \exists n$ $(R_i xmn \land R_j muz \land R_j nvz)$。所以由定义 4.2.6 [2] 可得 $x \in \| (A \otimes_j B) \otimes_i (A \otimes_j C) \|_{M\,MMLLC}$。

[2] MP_2：$A \otimes_i B \to A$ A、$B \in CAT_i$

求 $\| A \otimes_i B \|_{M\,MMLLC} \subseteq \| A \|_{M\,MMLLC}$。

假设对于任意属于 W 的 x，$x \in \| A \otimes_i B \|_{M\,MMLLC}$，那么由定义 4.2.6 [2] 可得 $\exists y \exists z$ $(R_i xyz \land y \in \| A \|_{M\,MMLLC} \land z \in \| B \|_{M\,MMLLC})$。由定义 4.2.8 [2] 可得 $R_i xy \varnothing$，进而可得 $x \in \| A \|_{M\,MMLLC}$。

[3] MP_3：$A \otimes_i B \to B$ A、$B \in CAT_i$

由定义 4.2.8 [3] 可得，证法同上。

[4] MP_4：$A \mid A \otimes_j B \to (A \otimes_i A \mid A) \otimes_j B$

求 $\| A \mid A \otimes_j B \|_{M\,MMLLC} \subseteq \| (A \otimes_i A \mid A) \otimes_j B \|_{M\,MMLLC}$。

假设对于任意属于 W 的 x，$x \in \| A \mid A \otimes_j B \|_{M\,MMLLC}$，那么由定义 4.2.6 可得 $\exists y \exists z$ $(R_j xyz \land y \in \| A \mid A \|_{M\,MMLLC} \land z \in \| B \|_{M\,MMLLC})$，即 $\exists y \exists z \exists u$ $(R_j xyz \land u \in \| A \|_{M\,MMLLC} \land Syug_k (A) \land z \in \| B \|_{M\,MMLLC})$。由 ～ 的定义以及定义 4.2.8 [4] 得 $\exists v$ $(R_j xvz \land R_i vuy)$，即 $x \in \| (A \otimes_i A \mid A) \otimes_j B \|_{M\,MMLLC}$。

定理 4.2.10（MMLLC 的完全性）如果 $\vDash X \to A$，那么 $\vdash_{MMLLC} X \to A$。

证明：首先给出典范模型 M'，$M' = \langle W', R'_k, S', \sim', f', g'_k \rangle$ 且满足下面的六个条件：

[1] W' 是 MMLLC 中公式类型构成的集合

[2] R'_k 是 W' 上的三元关系其满足结合性和下面的条件，即 $R'_i ABC$ 当且仅当 $\vdash_{MMLLC} A \Rightarrow B \otimes_i C$、$R'_j ABC$ 当且仅当 $\vdash_{MMLLC} A \Rightarrow B \otimes_j C$

[3] S' 是 W' 上的三元关系，其满足下面的条件，即 $S'ABC$ 当且仅当

$\vdash_{MMLLC} A \Rightarrow B \mid C$

　[4] 函数 f′可被定义如下：f′ (A) ＝ $\{B \mid \vdash_{MMLLC} B \Rightarrow A\}$　A ∈ {NP, N, S}

　[5] 由积算子的结合性可得〈W′, R′$_k$〉是一个结合框架，除此之外，还要证明下面的几个假设是在典范模型上成立的：

　除定理 2.2.7 中所给出的条件外，还要满足如下的这几个条件：

　(i) 如果 $\vdash_{MMLLC} x \Rightarrow y \otimes_j z$ 且 $\vdash_{MMLLC} y \Rightarrow u \otimes_i v$，那么 $\vdash_{MMLLC} x \Rightarrow m \otimes_i n$ 且 $\vdash_{MMLLC} m \Rightarrow u \otimes_j v$ 且 $\vdash_{MMLLC} n \Rightarrow u \otimes_j z$。

　(ii) 如果 $\vdash_{MMLLC} x \Rightarrow y \otimes_i z$，那么可得 $\vdash_{MMLLC} x \Rightarrow y \otimes_i \varnothing$。

　(iii) 如果 $\vdash_{MMLLC} x \Rightarrow y \otimes_i z$，那么可得 $\vdash_{MMLLC} x \Rightarrow \varnothing \otimes_i z$。

　(iv) 如果 $\vdash_{MMLLC} x \Rightarrow y \mid y \otimes_j z$，那么可得 $\vdash_{MMLLC} x \Rightarrow m \otimes_j z$ 且 $\vdash_{MMLLC} m \Rightarrow y \otimes_i y \mid y$。

　[6] A ~′B 当且仅当 $\vdash_{MMLLC} A \Rightarrow B$

　[7] g′$_k$ (A) ＝ A

　其次证明真值引理，即在典范模型 M′中，对于任意的公式 A、B，A ∈ ∥ B ∥ $_{M′}$ 当且仅当 $\vdash_{MMLLC} A \Rightarrow B$。

　对 B 中出现的联结词的数目施归纳。当 B 为原子公式时，由典范模型的定义可直接推得结论。假设当 B 中出现的联结词的数目为 n − 1 时结论成立，现证明 B 中出现的联结词的数量为 n 时结论也成立。

　[1] 当 B ＝ C/D 或 C \ D 或 C ⊗$_k$D 且 C、D 中出现的联结词数量和为 n − 1 时。可参考定理 2.1.8 中的证明。

　[2] 当 B ＝ C ∣ D 且 C、D 中出现的联结词数量和为 n − 1 时。

　(i) 从左到右

　因为 A ∈ ∥ C ∣ D ∥ $_{M′}$，所以存在 E 使得 E ∈ ∥ C ∥ $_{M′}$ 且 S′AEg′$_k$ (D)。由归纳假设得 $\vdash_{MMLLC} E \Rightarrow C$，由典范模型的构造得 $\vdash_{MMLLC} A \Rightarrow E \mid D$。由 LLC 中新增加的推导规则和 Cut 公理得 $\vdash_{MMLLC} A \Rightarrow C \mid D$。

　(ii) 从右到左

　假定 $\vdash_{MMLLC} A \Rightarrow C \mid D$，由典范模型的构造可得 S′ACD，进而可得 S′ACg′$_k$ (D)。由归纳假设得 C ∈ ∥ C ∥ $_{M′}$，所以 A ∈ ∥ C ∣ D ∥ $_{M′}$。

　最后，证明结论的逆否命题。证明方式同定理 2.1.8。

4.3 多模态范畴类型逻辑系统 MMLLC 的 Gentzen 表示

定义 4.3.1（MMLLC 的 Gentzen 表示）

除 LLC 的 Gentzen 表示中的规则外，MMLLC 的 Gentzen 表示中还包括如下的这些规则：

$$\frac{X, (\ (A, C)^j, (B, C)^j)^i, Y \Rightarrow Z}{X, (\ (A, B)^i, C)^j, Y \Rightarrow Z} \quad GMP_1$$

$$\frac{X, A^i, B^i, Y \Rightarrow C}{X, A \otimes_i B, Y \Rightarrow C} \quad GMP_2 \qquad \frac{X, A^i, Y \Rightarrow Z}{X, C^i, A^i, B^i, Y \Rightarrow Z} \quad GMP_3$$

$$\frac{X, (\ (A, A \mid A)^i, B)^j, Y \Rightarrow Z}{X, (\ (A \mid A, B)^i, Y \Rightarrow Z} \quad GMP_4$$

在 GMP_3 中，C^i 和 B^i 都可为空公式，但却不能同时为空公式。

定理 4.3.2 在 MMLLC 的 Gentzen 表示中，如果 $\vdash_{MMLLC} X \Rightarrow A$，那么就会存在 $X \Rightarrow A$ 的一个不带 Cut 规则的 Gentzen 证明。

证明：该定理的证明思路与 LLC 的 Gentzen 表示中 Cut 消去定理的证明思路相同，即证明在如下的三种情况下，Cut 规则的每一次应用的复杂度都可被转换为复杂度更低的一个或两个 Cut 规则的应用。

［1］Cut 规则中至少一个前提是同一公理

［2］Cut 规则中的两个前提都是由逻辑规则应用而得且 Cut 公式在这两个前提中都是新生公式

［3］Cut 规则中的两个前提都是由逻辑规则应用而得且 Cut 公式在一个前提中不是新生公式

以情况［3］为例，我们讨论如下的这一子情况：

Cut 规则的左前提和右前提分别是应用 GMP_3 规则和 GMP_2 规则得

到的。

$$\cfrac{\cfrac{X,\ A^i,\ Y \Rightarrow A \otimes_i B}{X,\ C^i,\ A^i,\ B^i,\ Y \Rightarrow A \otimes_i B}\ GMP_3 \qquad \cfrac{M,\ A^i,\ B^i,\ N \Rightarrow Q}{M,\ A \otimes_i B,\ N \Rightarrow Q}\ GMP_2}{M,\ X,\ C^i,\ A^i,\ B^i,\ Y,\ N \Rightarrow Q}\ Cut$$

可转换为：

$$\cfrac{\cfrac{X,\ A^i,\ Y \Rightarrow A \otimes_i B \qquad \cfrac{M,\ A^i,\ B^i,\ N \Rightarrow Q}{M,\ A \otimes_i B,\ N \Rightarrow Q}\ GMP_2}{M,\ X,\ A^i,\ Y,\ N \Rightarrow Q}\ Cut}{M,\ X,\ C^i,\ A^i,\ B^i,\ Y,\ N \Rightarrow Q}\ GMP_3$$

在定理 4.3.2 的基础上直接可得如下的三个推论：

推论 4.3.3 MMLLC 的 Gentzen 表示是可判定的。

推论 4.3.4 MMLLC 的 Gentzen 表示具有子公式性。

推论 4.3.5 MMLLC 具有有穷可读性。

定义 4.3.6（积算子的封闭性）

[1] $\sigma(p) = p$

[2] $\sigma(A_1^{\ k}, \cdots, A_n^{\ k}) = A_1 \otimes_k \cdots \otimes_k A_n$

[3] $\sigma(X_1, \cdots, X_n) = \sigma(\sigma(X_1), \cdots, \sigma(X_n))$

定理 4.3.7 MMLLC 的公理表示与 Gentzen 表示之间具有等价性。

证明：[1] 求 MMLLC 的公理表示中的公理和推导规则都是 MMLLC 的 Gentzen 表示中可证的。

（i）MP_1：$(A \otimes_i B) \otimes_j C \rightarrow (A \otimes_j C) \otimes_i (B \otimes_j C)$

由 GMP_1 可得

（ii）MP_2：$A \otimes_i B \rightarrow A$　　A、$B \in CAT_i$

由 GMP_3 和 GPM_2 可得

(iii) MP_3：$A \otimes_i B \to B$ 　　A、$B \in CAT_i$

由 GMP_3 和 GPM_2 可得

(iv) MP_4：MP_4：$A \mid A \otimes_j B \to (A \otimes_i A \mid A) \otimes_j B$

由 GMP_4 可得

[2] 求 MMLLC 的 Gentzen 表示中的推导规则都是 MMLLC 的公理表示中可证的。

(i) GMP_1

由 MP_1 可得

(ii) GMP_2

由定义 4.3.6 [2] 可得

(iii) GMP_3

由 MP_2 和 MP_3 加 Cut 可得

(iv) GMP_4

由 MP_4 可得

4.4　MMLLC 在语言学中一些问题上的应用

正如本章4.2.1小节中所述，通过多模态范畴类型逻辑的形式化手段，我们可以得到一个处理汉语反身代词回指照应问题的多模态范畴类型逻辑系统 MMLLC。这一系统不但可以被用于处理反身代词回指照应问题，还可被用于处理一些其他的语言学问题。本节中，我们就对这些语言学问题以及 MMLLC 对这些问题所给出的处理方法进行说明并将 MMLLC 的处理方案与其他方案进行对比。

[1] 与连动结构相关的一些问题的处理

连动结构是指具有 $[_S NP [_{SVC} (INFL) VP_1 VP_2 VP_3 \cdots VP_n]]$ $(n \geq 1)$ 这种形式的语言结构。逻辑学以及形式语言学对汉语连动结构的研究一般都停留在一阶逻辑的层面上，即通过一阶逻辑中的形式化方法给出连动结构的形式化构造。

在此基础上，对于任一连动结构 $[_S NP [_{SVC} (INFL) VP_1 VP_2 VP_3 \cdots VP_n]]$ $(n \geq 1)$，其可被形式化为：$\exists x_1 \exists e_1 \cdots \exists e_n (VP_1 (x_1, e_1) \wedge VP_2 (x_1, e_2) \wedge VP_3 (x_1, e_3) \wedge \ldots \wedge VP_n (x_1, e_n)) (n \geq 1)$ 这一形式。例

如，对于"张三洗衣做饭"这一语句而言，其就可以被形式化为：（洗（张三，衣）∧做（张三，饭））。但是这一刻画方法却不能告诉我们这一形式化刻画结果是如何得出的，即我们并不能看出语词的范畴是经过怎样的运算才能得到（洗（张三，衣）∧做（张三，饭））这一形式化结果的，但是这一问题却能在系统 MMLLC 中得到解答。MMLLC 通过刻画词条的毗连生成过程，将语句的形式化处理过程展示出来，以供我们甚至计算机查看或学习。所以在本小节中，我们首先通过几个例子来看一下传统范畴类型逻辑系统对连动结构和一些相关问题的处理以及 MMLLC 在处理这些问题上的优势。

例 4.4.1 张三洗衣做饭。

例 4.4.2 张三和李四洗衣做饭。

例 4.4.3 张三和李四都在洗衣做饭。

传统范畴类型逻辑对例 4.4.1 的处理

张三	洗衣做饭
—————————— lex	—————————————————————— lex
张三′	λx. 洗衣′(x) ∧做饭′(x)
NP	NP \ S

————————————————————————————————— \ E

洗衣′(张三′) ∧做饭′(张三′)

S

传统范畴类型逻辑对例 4.4.2 的处理

张三和李四	洗衣做饭
————————— lex	————————————————— lex
张三′∧李四′	λx. 洗衣′(x) ∧做饭′(x)
NP	NP \ S

————————————————————————————————— \ E

洗衣′(张三′∧李四′) ∧做饭′(张三′∧李四′)

S

在介绍 MMLLC 对例 4.4.1 和例 4.4.2 的处理之前，我们首先给出 MMLLC 公理表示中公理 MP_1 的另一个体现分配律的版本

$$MP_1': \ C \otimes_j (A \otimes_i B) \rightarrow (C \otimes_j A) \otimes_i (C \otimes_j B)$$

MMLLC 对例 4.4.1 的处理

$$\cfrac{\cfrac{\cfrac{NP \otimes_j (NP \backslash S \otimes_i NP \backslash S)}{(NP \otimes_j NP \backslash S) \otimes_i (NP \otimes_j NP \backslash S)} \ MP_1'}{S \otimes_i S} \ \text{LLC 中推演}}{S} \ MP_2 \text{或} MP_3$$

MMLLC 对例 4.4.2 的处理 [1]

$$\cfrac{\cfrac{NP \otimes_k (NP \backslash NP) /NP \otimes_k NP \otimes_k NP \backslash S \qquad k \in \{i, j\}}{NP \otimes_k NP \backslash S} \ \text{LLC 中运算}}{S} \ \text{LLC 中运算}$$

MMLLC 对例 4.4.2 的处理 [2]

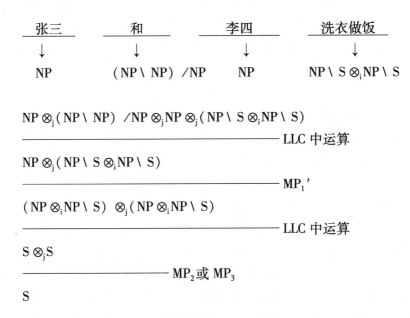

$$NP \otimes_j (NP \backslash NP) / NP \otimes_j NP \otimes_j (NP \backslash S \otimes_i NP \backslash S)$$
———————————————————————— LLC 中运算
$$NP \otimes_j (NP \backslash S \otimes_i NP \backslash S)$$
———————————————————————— MP_1'
$$(NP \otimes_i NP \backslash S) \otimes_j (NP \otimes_i NP \backslash S)$$
———————————————————————— LLC 中运算
$$S \otimes_j S$$
———————————————— MP_2 或 MP_3
$$S$$

　　由上面的推理过程可见，在 MMLLC 中我们不但可以得到合取语句，如"张三洗衣且张三做饭"或者"张三和李四洗衣且张三和李四做饭"，还可以得到合取语句中的任一合取支，即能从"张三洗衣且张三做饭"这一合取语句中通过结构假设 MP_2 和 MP_3 分别得到合取支"张三洗衣"和"张三做饭"。

MMLLC 对例 4.4.3 的处理

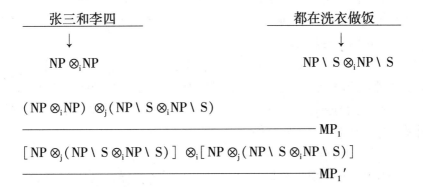

$$(NP \otimes_i NP) \otimes_j (NP \backslash S \otimes_i NP \backslash S)$$
———————————————————————— MP_1
$$[NP \otimes_j (NP \backslash S \otimes_i NP \backslash S)] \otimes_i [NP \otimes_j (NP \backslash S \otimes_i NP \backslash S)]$$
———————————————————————— MP_1'

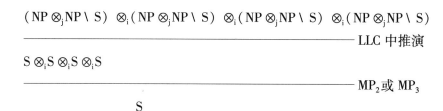

$$\frac{(NP \otimes_j NP \setminus S) \ \otimes_i (NP \otimes_j NP \setminus S) \ \otimes_i (NP \otimes_j NP \setminus S) \ \otimes_i (NP \otimes_j NP \setminus S)}{S \otimes_i S \otimes_i S \otimes_i S} \text{LLC 中推演}$$

$$\frac{S \otimes_i S \otimes_i S \otimes_i S}{S} \text{MP}_2 \text{或 MP}_3$$

通过结构公设 MP_1 和 MP_1' 的使用，我们就可以处理更为复杂的语句，正如例 4.4.3 的推演中所展示的那样，而这种推演过程在传统的范畴类型逻辑中是无法得到的。

通过上面的一系列推演可见，在传统的范畴类型逻辑系统中，对例 4.4.1 和例 4.4.2 这样的语句都可以进行处理。而这两个例子的共同特点就是包含合取联结词的部分是被当做一个整体来处理的，如在例 4.4.1 中"洗衣做饭"就被处理为一个范畴为 NP \ S 的整体处理，而例 4.4.2 中"张三和李四"被处理为一个范畴为 NP 的整体处理。但是包含合取联结词的语言构成部分并不一定要被处理为一个整体，如例 4.4.1 中"洗衣做饭"除了可被理解为一个整体外，还能被理解为"洗衣"和"做饭"这两个部分并进行分别处理，这种情况就是传统的范畴类型逻辑处理不了的。在例 4.4.3 中"张三和李四都在洗衣做饭"所表示的就是张三洗衣且张三做饭且李四洗衣且李四做饭这种意思，而这种理解下，"张三和李四"以及"洗衣做饭"这两个体现合取意味的语词都不能再被处理为整体。

正如上文所述，这种包含合取联结词的部分不被当做一个整体来处理的语言现象是传统范畴类型逻辑中所不能处理的。MMLLC 的优势就在于将包含合取联结词的语词进行更为精细化地处理，即将这种词条的范畴处理为形式为 $A \otimes_i B$ 的范畴，再运用结构假设 MP_2 或者 MP_3 将 $A \otimes_i B$ 中的合取支 A、B 单独提取出来。

虽然在对例 4.4.1 和例 4.4.2 的处理中 MMLLC 的处理过程比传统范畴类型逻辑的处理过程稍显复杂，但是 MMLLC 所能处理的语言现象却更多，具有更强的普遍应用性，MMLLC 这一系统对例 4.4.3 的处理就是这种普遍应用性的一个很好的例子。

［2］与包含合取联结词的主语相关的一些问题

正如上文中的例 4.4.2、例 4.4.3 所展示的那样，包含合取联结词的语词不一定要被处理为一个整体，我们可以假定这种包含合取联结词的语词为语句的主语，那么对于主语合取式的处理可以分为如下的几种：

（1）主语合取式被当做整体处理的情况，如例 4.4.2。

（2）主语合取式不被当做整体处理的情况，这种情况又可被分为如下的几种子情况：

（i）主语合取式中的合取支被分配给同一个谓语，如语句"张三和李四洗衣服"；

（ii）主语合取式中的合取支被分配给多个谓语，如语句"张三和李四都在洗衣做饭"。

主语合取式不被当做整体处理的情况更为复杂，也更难处理。本小节的最后，我们以下面的语句为例说明 MMLLC 在处理这类问题上的优势。

例 4.4.4　张三和李四分别骑车锻炼身体。

MMLLC 对例 4.4.4 的处理

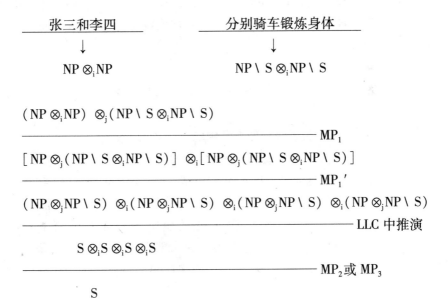

第 5 章　对称范畴语法

对称范畴语法是通过丰富兰贝克演算（特别是非结合的兰贝克演算 NL）的字母表，即在兰贝克演算字母表的基础上分别引入积算子 $\otimes$、左斜线算子 \ 和右斜线算子/的对偶算子 $\oplus$、$\varoslash$ 和 $\varobslash$ 以达到提高表达力目的的范畴类型逻辑。对称范畴语法以 LG 演算（兰贝克－格里辛演算）为基础，因此本章中我们将以 LG 演算为基础说明对称范畴语法在公理表示以及 Gentzen 表示中的特点。第 5.1 节中的第 5.1.1 小节和第 5.1.2 小节分别介绍对称范畴语法公理表示中的语法特点和语义特点，第 5.2 节的第 5.2.1 小节和第 5.2.2 小节则分别介绍对称范畴语法 Gentzen 表示中的语法特点和语义特点。

5.1　对称范畴语法的公理表示

5.1.1　对称范畴语法公理表示中的语法特点

5.1.1.1　不带有伽罗瓦连接的 LG 演算

对于扩充兰贝克演算的问题，格里辛（V. Grishin, 1983）给出了一个与之前都不同的方案。格里辛方案的出发点是要体现兰贝克演算的对称性，所以除了兰贝克演算中原本存在的积算子 $\otimes$、左斜线算子 \ 和右斜线算子/外，他还引入了这三个算子的对偶算子，分别是余积（coproduct）算子 $\oplus$、左差（left difference）算子 $\varoslash$ 和右差（right difference）算子 $\varobslash$。

LG 演算中的公式可被递归定义如下：

定义 5.1.1.1（LG 的公式 F）　　F = A　　　　　　　$A \in \{np, n, s\}$

F $\otimes$ F, F\F, F/F

F $\oplus$ F, F $\varoslash$ F, F $\varobslash$ F

对于任意公式 A 和 B，在公式 A ⊕B 中余积算子⊕体现的是一种乘法运算（multiplicative operation）。A ⊘ B 的直观含义是 A 减去 B（A minus B），而 A ⊘ B 的直观含义则是 B 来自于 A（B from A）。

定义 5.1.1.2（LG 演算的公理表示）

公理：

（refl）　　A→A

推导规则：

（trans）从 A→B 和 B→C 可得 A→C
（rp）　　　A→C/B 当且仅当 A ⊗B→C 当且仅当 B→A \ C
（drp）B ⊘ C→A 当且仅当 C→B ⊕A 当且仅当 C ⊘ A→B

其中公理（refl）和规则（trans）所表示的是一种前序规则（preorder laws），而规则（rp）和（drp）所表示的则分别是冗余规则（residuation laws）和对偶的冗余规则（dual residuation laws）。也可以说，规则（rp）和（drp）所体现出的就是驻留函数性和对偶的驻留函数性。

仅包含这些公理和规则的 LG 演算被称为 LG 演算中的极小对称系统（minimal symmetric system），简记为 LG$_\varnothing$。

LG$_\varnothing$ 中的规则（rp）和（drp）体现出了如下的这两类对称：

［1］涉及斜线算子方向以及不同运算的左右对称，可记为·$^{\bowtie}$。

［2］涉及驻留函数类以及对偶的驻留函数类，并涉及箭头翻转的对称，可记为·$^{\infty}$。

对于原子公式 A 而言，A$^{\bowtie}$ = A = A$^{\infty}$。涉及复合公式的这两种对称可被分别定义如下：

$$\frac{C/D \quad A \otimes B \quad B \oplus A \quad D \oslash C}{D \backslash C \quad B \otimes A \quad A \oplus B \quad C \oslash D} \bowtie$$

$$\frac{C/B \quad A \otimes B \quad A \backslash C}{B \oslash C \quad B \oplus A \quad C \oslash A} \infty$$

这两类对称的复合运算之间存在如下关系：$A^{\bowtie \infty \bowtie} = A^{\infty}$，$A^{\infty \bowtie \infty} = A^{\bowtie}$。由此可见，相对于推演关系而言，$\bowtie$ 具有保序性，而 $\cdot^{\infty}$ 则将顺序翻转过来了，因此不再具有保序性。这一性质可表示为：

A→B 当且仅当 $A^{\bowtie}$→$B^{\bowtie}$ 当且仅当 B^{∞}→A^{∞}

令 A ⊗–表示向左乘以 A 的运算、A ﹨ –表示向左除以 A 的运算。这两个运算就构成了一个驻留对，即（A ⊗–）（A ﹨ –）表示一种收缩（contracting）的运算，而（A ﹨ –）（A ⊗–）则表示一种膨胀（expanding）的运算。由上文中所给出的两类对称性，我们可以得到下面的这些结论：

A ⊗（A ﹨ B）→B→A（A ﹨ ⊗B）　　（B/A）⊗A→B→（B ⊗A）/A

（B ⊕A）⊘ A→B→（B ⊘ A）⊗A　　A ◌（A ⊕B）→B→A ⊕（A ◌ B）

从冗余规则和对偶的冗余规则出发，我们还能得到一些与单调性（monotonicity）有关的结论，即从 A→B 和 C→D 可得下面的这些结论：

[1] A ⊗C→B ⊗D

[2] A/D→B/C

[3] D ﹨ A→C ﹨ B

[4] A ⊕C→B ⊕D

[5] A ⊘ D→B ⊘ C

[6] D ◌ A→C ◌ B

在这里，集合 ｛⊗，﹨，/｝可被称为积算子类，而集合 ｛⊕，◌，⊘｝则可被称为余积算子类。就积算子类与余积算子类之间的沟通或互动而言，唯一有可能体现出这种交流或互动的只能是规则（trans），所以在 $LG_{\varnothing}$ 中，我们并不能很清楚地看出两者之间的关系。正因如此，在 $LG_{\varnothing}$ 的基础上，格里辛又通过增加其他公理或规则，特别是通过增加分配规则（distributivity principles）的方法对 $LG_{\varnothing}$ 进行了一系列的扩充。

这种扩充分为两类，一类是能够保持原有结构性的扩充，可被称为结构保持（structure-preserving）的扩充；另一类则是不再保持原有结构性的扩充，其可被称为非结构保持的扩充。

在格里辛（V. Grishin, 1983）的研究中，其用分配假设（postuate）表示积算子类与余积算子类之间的沟通关系，并将这些假设增加到 $LG_{\varnothing}$，以体现对极小对称系统的扩充。莫特盖特（M. Moortgat, 2009）用推导规则的形式给出了格里辛分配假设的等价表述，这一形式可被表示如下：

$$\frac{A \otimes B \to C \oplus D}{C \oslash A \to D/B} \quad (\oslash, /) \qquad \frac{A \otimes B \to C \oplus D}{B \oslash D \to A \backslash C} \quad (\oslash, \backslash)$$

$$\frac{A \otimes B \to C \oplus D}{A \oslash D \to C/B} \quad (\oslash, /) \qquad \frac{A \otimes B \to C \oplus D}{C \oslash B \to A \backslash D} \quad (\oslash, \backslash)$$

应用上述的规则，我们可以得到下面的这些结论：

$$(C \oplus D)/B \to (C/B) \oplus D \qquad (A \oslash D) \otimes B \to (A \otimes B) \oslash D$$
$$A \backslash (C \oplus D) \to (A \oslash D) \backslash C \qquad (C/B) \oslash A \to C \oslash (A \otimes B)$$

格里辛（V. Grishin, 1983）给出了两类沟通原则，第一类沟通原则等价于我们上文中所介绍的莫特盖特的一系列推导规则；第二类沟通规则则是上述规则的逆，即将规则中的前提和结论调换位置后得到的规则。第二类推导规则中的特征定理或结论可被表示如下：

$$(C \oplus B) \otimes A \to C \oplus (B \otimes A) \qquad A \otimes (B \oplus C) \to (A \otimes B) \oplus C$$
$$A \otimes (C \oplus B) \to C \oplus (A \otimes B) \qquad (B \oplus C) \otimes A \to (B \otimes A) \oplus C$$

分别增加这两类沟通规则中的某几条规则后得到的 $LG_{\oslash}$ 的扩充都是结构保持的扩充，即不会改变原系统的结构性，但是如果将这两类沟通规则中的某几条规则同时添加到 $LG_{\oslash}$ 中，那么得到的系统就是非结构保持的扩充。

对于那些致力于保持原系统结构性的逻辑学者来说，结构保持的扩充是首选，但是相对于结构保持这一性质而言，更在乎 $LG_{\oslash}$ 在混合的结合性和交换性上的表现的逻辑学者而言，上面的区分所具有的意义就是有限的。从体现混合的结合性和交换性的角度出发，扩充 $LG_{\oslash}$ 的四组公理可被分别陈述如下：

Type Ⅰ：

$$A \otimes (B \oplus C) \to (A \otimes B) \oplus C \ (\alpha_{\mathrm{I}}^{1}) \qquad (A \oplus B) \otimes C \to A \oplus (B \otimes C) \ (\alpha_{\mathrm{I}}^{2})$$

$$A \otimes (B \oplus C) \to B \oplus (A \otimes C) \ (\gamma_{\mathrm{I}}^{1}) \qquad (A \oplus B) \otimes C \to (A \otimes C) \oplus B \ (\gamma_{\mathrm{I}}^{2})$$

Type Ⅱ：

$$(A \otimes B) \otimes C \to A \otimes (B \otimes C) \ (\alpha_{\mathrm{II}}^{1}) \qquad A \otimes (B \otimes C) \to (A \otimes B) \otimes C \ (\alpha_{\mathrm{II}}^{2})$$

$$A \otimes (B \otimes C) \to B \otimes (A \otimes C) \ (\gamma_{\mathrm{II}}^{1}) \qquad (A \otimes B) \otimes C \to (A \otimes C) \otimes B \ (\gamma_{\mathrm{II}}^{2})$$

Type Ⅲ：

$$(A \oplus B) \oplus C \to A \oplus (B \oplus C) \ (\alpha_{\mathrm{III}}^{1}) \qquad A \oplus (B \oplus C) \to (A \oplus B) \oplus C \ (\alpha_{\mathrm{III}}^{2})$$

$$A \oplus (B \oplus C) \to B \oplus (A \oplus C) \ (\gamma_{\mathrm{III}}^{1}) \qquad (A \oplus B) \oplus C \to (A \oplus C) \oplus B \ (\gamma_{\mathrm{III}}^{2})$$

Type Ⅳ：

$$(A \backslash B) \oslash C \to A \backslash (B \oslash C) \ (\alpha_{\mathrm{IV}}^{1}) \qquad A \odot (B / C) \to (A \odot B) / C \ (\alpha_{\mathrm{IV}}^{2})$$

$$A \odot (B \backslash C) \to B \backslash (A \odot C) \ (\gamma_{\mathrm{IV}}^{1}) \qquad (A / B) \oslash C \to (A \oslash C) / B \ (\gamma_{\mathrm{IV}}^{2})$$

在 Type Ⅰ 和 Type Ⅳ 中，α_{I}^{1} 和 α_{I}^{2} 以及 α_{IV}^{1} 和 α_{IV}^{2} 体现出了一种混合的结合性，而 γ_{I}^{1} 和 γ_{I}^{2} 以及 γ_{IV}^{1} 和 γ_{IV}^{2} 则体现出了一种混合的交换性。

在 Type Ⅱ 和 Type Ⅲ 中，α_{II}^{1} 和 α_{II}^{2} 以及 $\alpha_{\mathrm{III}}^{1}$ 和 $\alpha_{\mathrm{III}}^{2}$ 分别体现出了算子 $\otimes$ 和 $\oplus$ 的结合性，而 γ_{II}^{1} 和 γ_{II}^{2} 以及 $\gamma_{\mathrm{III}}^{1}$ 和 $\gamma_{\mathrm{III}}^{2}$ 则分别体现出了算子 $\otimes$ 和 $\oplus$ 的交换性。

$LG_{\varnothing}$ 加 Type Ⅱ 或者 Type Ⅲ 后所得到的系统可记为 $LG_{\varnothing + \mathrm{II}}$ 或 $LG_{\varnothing + \mathrm{III}}$。这两个系统因为允许彻底的结合性和交换性，所以在处理语言学问题时很少被用到。一般而言，使用较多的是 $LG_{\varnothing}$ 加 Type Ⅰ 或者 Type Ⅳ 后所得到的系统，其可分别记为 $LG_{\varnothing + \mathrm{I}}$ 或 $LG_{\varnothing + \mathrm{IV}}$。当然，由于系统构建的需要，我们也可以单独添加某一类型中的某一条或几条规则以形成诸如 $LG_{\varnothing + \alpha_{\mathrm{II}}^{1}}$ 或 $LG_{\varnothing + \alpha_{\mathrm{II}}^{1} + \gamma_{\mathrm{III}}^{2}}$ 这样的系统。

当然，还有很多其他学者为 $LG_{\varnothing}$ 提供了一系列的扩充公理，或者出于使用方便的需要而给出相同公理的不同表达方式，所以 $LG_{\varnothing}$ 的扩充并不限于上述所介绍的几种。

5.1.1.2　带伽罗瓦连接的 LG 演算

定义 5.1.1.3（驻留对、对偶驻留对、伽罗瓦连接、对偶伽罗瓦连

接）令（X，≤），（Y，≤′）为两个偏序集，f 和 g 为两个映射且 f：X→
Y，g：Y→X。二元组（f，g）被称为一个驻留对（rp）当且仅当条件
[1] 被满足；其是一个对偶驻留对（drp）当且仅当条件 [2] 被满足；
其是一个伽罗瓦连接（Galois connection）(gc) 当且仅当条件 [3] 被满
足；其是一个对偶的伽罗瓦连接（dual Galois connection)(dgc) 当且仅当
条件 [4] 被满足：

[1]（rp）$fx \leqslant 'y \Leftrightarrow x \leqslant gy$

[2]（drp）$y \leqslant 'fx \Leftrightarrow gy \leqslant x$

[3]（gc）$y \leqslant 'fx \Leftrightarrow x \leqslant gy$

[4]（dgc）$fx \leqslant 'y \Leftrightarrow gy \leqslant x$

除了上面的几个条件外，相对于组合性以及等渗性能（the tonicity
properties）这两个性质而言，我们还可以提供如下的条件以供选择：

（rp）f，g：单调性（isotone）$x \leqslant gfx$，$fgy \leqslant 'y$

（drp）f，g：单调性　　　　　$gfx \leqslant x$，$y \leqslant 'fgy$

（gc）f，g：反单调性（antitone）$x \leqslant gfx$，$y \leqslant 'fgy$

（dgc）f，g：反单调性　　　　$fgx \leqslant x$，$gfy \leqslant 'y$

在范畴类型逻辑中，我们谈论的是类型以及类型间的推演，因此对于
兰贝克演算中的冗余（或称驻留）算子而言，我们可以将 f 理解为向右乘
某一确定类型的运算，将 g 理解为向右除这一确定类型的运算。这样处理
后，规则 $fgy \leqslant 'y$ 就可被表示为（A/B）⊗B→A 这一规则。通过 $\cdot^{\bowtie}$ 对称，
向左的乘和除也可构成一个驻留对。通过 $\cdot^{\infty}$ 对称下的箭头翻转，我们就可
得到对偶驻留对。

如果我们在字母表中分别为算子⊗和⊕引入乘法单元（multiplicative
units），那么就得到了相对于这些单元的四个否定，即 A \ 0、1 ⊘ A 和他
们的 $\cdot^{\bowtie}$ 对称 0/A、A ⊘ 1。A \ 0 和 1 ⊘ A 可被简记为 A^0 和 ^1A，0/A、A ⊘
1 可被简记为 ^0A 和 A^1。这样处理后，否定就被引入到 LG 演算中来了。

总之，这四类否定可被分别记为 A^0（= A \ 0）、^1A（= 1 ⊘ A）、^0A
（=0/A）、^1A（= A ⊘ 1）。这四类否定中 $^0\cdot$ 和 $\cdot^0$ 就是一个体现伽罗瓦连接的
对，$^1\cdot$ 和 $\cdot^1$ 则是 ∞ 对称的伽罗瓦连接对。这些运算中的伽罗瓦连接能使我们
得到下面这样的结论：

（gc）$B \to A^0 \Leftrightarrow A \to {}^0B$

（dgc）$^1B \to A \Leftrightarrow A^1 \to B$

莫特盖特（M. Moortgat，2010）指出，对于$\cdot^0$和$\cdot^0$的复合而言，无论其顺序如何，这种复合都是单调且幂等的，$\cdot^1$和$\cdot^1$的复合运算情况也类似。所以我们可得结论：

$$A\to^0\ (A^0)\qquad A\to\ (^0A)^0$$
$$(^1A)^1\to A\qquad ^1(A^1)\to A$$

莫特盖特（M. Moortgat，2010）还给出了一个扩展版的分配原则以包括体现（对偶）伽罗瓦连接的运算，这一版本的分配原则如下：

［1］由 $A\to B$，可得如下结论：$^1B\to A^0$，$^1B\to\ ^0A$，$B^1\to A^0$，$B^1\to\ ^0A$

［2］由 $A\to B\oplus C$，可得如下结论：$B^1\to A\setminus C$，$B^1\to C/A$，$^1C\to A\setminus B$，$^1C\to B/A$

［3］由 $A\otimes B\to C$，可得如下结论：$C\oslash A\to^0B$，$A\oslash C\to^0B$，$C\oslash B\to A^0$，$B\oslash C\to A^0$

5.1.2　对称范畴语法公理表示中的语义特点

库特尼那和莫特盖特（N. Kurtonina and M. Moortgat，2010）简单给出了 $LG_\varnothing$ 的语义解释以及完全性证明。依据其论文中的阐述，我们可将 $LG_\varnothing$ 的框架和模型定义如下：

定义 5.1.1.4（$LG_\varnothing$ 的框架 $F_{LG\varnothing}$）$LG_\varnothing$ 的框架 $F_{LG\varnothing}$ 是一个三元组 $\langle W, R_\otimes, R_\oplus \rangle$ 且满足下面的两个条件：

［1］W 是由语言符号串构成的集合

［2］$R_\otimes$ 和 $R_\oplus$ 是 W 上不同的三元关系

定义 5.1.1.5（$LG_\varnothing$ 的模型 $M_{LG\varnothing}$）$LG_\varnothing$ 的模型 $M_{LG\varnothing}$ 是一个四元组 $\langle W, R_\otimes, R_\oplus, f \rangle$ 且满足下面的两个条件：

［1］$\langle W, R_\otimes, R_\oplus \rangle$ 是 $LG_\varnothing$ 的框架

［2］f 是从原子公式到 W 子集的映射

定义 5.1.1.6（模型 $M_{LG\varnothing}$ 下的赋值函数）模型 $M_{LG\varnothing}$ 中的函数 f 可通过如下方式被扩展为从 $LG_\varnothing$ 公式到 W 子集的赋值函数 $\|\cdot\|$：

［1］$\|A\|_{MLG\varnothing} = f(A)$ 当且仅当 $A\in\{np, n, s\}$

［2］$\|A\otimes B\|_{MLG\varnothing} = \{x\mid \exists y\,\exists z\,(y\in\|A\|_{MLG\varnothing}\wedge z\in\|B\|_{MLG\varnothing}\wedge R_\otimes xyz)\}$

［3］$\|A\setminus B\|_{MLG\varnothing} = \{x\mid \forall y\,\forall z\,(y\in\|A\|_{MLG\varnothing}\wedge R_\otimes zyx\to z\in\|B\|_{MLG\varnothing})\}$

[4] $\parallel A/B \parallel_{MLG\varnothing}$ = $\{x \mid \forall y \, \forall z \, (y \in \parallel B \parallel_{MLG\varnothing} \wedge R_{\otimes}zxy \rightarrow z \in \parallel A \parallel_{MLG\varnothing})\}$

[5] $\parallel A \oplus B \parallel_{MLG\varnothing}$ = $\{x \mid \forall y \, \forall z \, (R_{\oplus}xyz \rightarrow (y \in \parallel A \parallel_{MLG\varnothing} \vee z \in \parallel B \parallel_{MLG\varnothing}))\}$

[6] $\parallel A \oslash B \parallel_{MLG\varnothing}$ = $\{x \mid \exists y \, \exists z \, (y \in \parallel A \parallel_{MLG\varnothing} \wedge R_{\oplus}yxz \wedge z \notin \parallel B \parallel_{MLG\varnothing})\}$

[7] $\parallel A \oslash B \parallel_{MLG\varnothing}$ = $\{x \mid \exists y \, \exists z \, (y \notin \parallel A \parallel_{MLG\varnothing} \wedge R_{\oplus}zyx \wedge z \in \parallel B \parallel_{MLG\varnothing})\}$

下面，我们简要介绍一下库特尼那和莫特盖特（N. Kurtonina and M. Moortgat，2010）所给出的完全性证明的构造过程。

首先，给出亨金构造（Henkin construction）。

在亨金构造的背景下，我们可将如下构造出的滤的集合作为可能世界集。这些滤都是在 ⊢ 关系下封闭的公式集，即如果令 F 为定义 5.1.1.1 中定义的公式所构成的集合，那么 $F_{\vdash}$ = $\{X \in P(F) \mid \forall A \, \forall B \, (A \in X \wedge B \in F \wedge A \vdash B \rightarrow B \in X)\}$。集合 $F_{\vdash}$ 是在运算（$\cdot \otimes \cdot$）和（$\cdot \oslash \cdot$）下封闭的，即对于任意 $X \otimes Y$、$X \oslash Y \in F_{\vdash}$，下面的三个条件要被满足：

[1] $X \otimes Y$ = $\{C \mid \exists A \, \exists B \, (A \in X \wedge B \in Y \wedge A \otimes B \vdash C)\}$

[2] $X \oslash Y$ = $\{B \mid \exists A \, \exists C \, (A \notin X \wedge C \in Y \wedge A \oslash C \vdash B)\}$ 或者

[3] $X \oslash Y$ = $\{B \mid \exists A \, \exists C \, (A \notin X \wedge C \in Y \wedge C \vdash A \oplus B)\}$

为了将形成范畴的运算转变为 $F_{\vdash}$ 中的对应运算，令 $\lfloor A \rfloor$ 为由 A 生成的主滤（即可令 $\lfloor A \rfloor$ = $\{B \mid A \vdash B\}$），令 $\lceil A \rceil$ 为主理想（即可令 $\lceil A \rceil$ = $\{B \mid B \vdash A\}$），令 $X^{\sim}$ 为 X 的补，求证下面的定理：

[1] $\lfloor A \otimes B \rfloor$ = $\lfloor A \rfloor \otimes \lfloor B \rfloor$

[2] $\lfloor A \oslash B \rfloor$ = $\lceil A \rceil \oslash \lfloor C \rfloor$

引理 5.1.1.7　由 $A \otimes B \in X$ 可得 $\lfloor A \rfloor \otimes \lfloor B \rfloor \subseteq X$

证明：假设 $C \in \lfloor A \rfloor \otimes \lfloor B \rfloor$，由定义可得 $\exists A' \exists B' \, (A' \in \lfloor A \rfloor \wedge B' \in \lfloor B \rfloor \wedge A' \otimes B' \vdash C)$，即 $\exists A' \exists B' \, (A \vdash A' \wedge B \vdash B' \wedge A' \otimes B' \vdash C)$。由积算子的单调性可得 $A \otimes B \vdash A' \otimes B'$，再由（trans）可得 $A \otimes B \vdash C$，再由前提 $A \otimes B \in X$ 可得 $C \in X$。

引理 5.1.1.8　由 $A \oslash C \in X$ 可得 $\lceil A \rceil \oslash \lfloor C \rfloor \subseteq X$

证明：假设 $B \in \lceil A \rceil \oslash \lfloor C \rfloor$，所以 $\exists A' \exists C' \, (A' \notin \lceil A \rceil \wedge C' \in \lfloor C \rfloor \wedge A' \oslash C' \vdash B)$，即 $\exists A' \exists C' \, (A' \vdash A \wedge C' \vdash C \wedge A' \oslash C' \vdash B)$。由积算子的单调性可得

$A \oslash C \vdash A' \oslash C'$，由（trans）可得 $A \oslash C \vdash B$，再由前提 $A \oslash C \in X$ 可得 $B \in X$。

定理 5.1.1.9 $\lfloor A \otimes B \rfloor = \lfloor A \rfloor \otimes \lfloor B \rfloor$

证明：[1] 从左到右：假设 $C \in \lfloor A \otimes B \rfloor$，即 $A \otimes B \vdash C$。取 $A' = A$，$B' = B$，则可得 $\exists A' \exists B' (A \vdash A' \wedge B \vdash B' \wedge A' \otimes B' \vdash C)$，即 $C \in \lfloor A \rfloor \otimes \lfloor B \rfloor$。

[2] 从右到左：由定义得 $A \otimes B \in \lfloor A \otimes B \rfloor$，再由引理 5.1.1.7 可得 $\lfloor A \rfloor \otimes \lfloor B \rfloor \subseteq \lfloor A \otimes B \rfloor$。

定理 5.1.1.10 $\lfloor A \oslash B \rfloor = \lceil A \rceil \oslash \lfloor C \rfloor$

证明：[1] 从左到右：证明方法同定理 5.1.1.9 [1]

[2] 从右到左：由引理 5.1.1.8 可得。

其次，给出典范模型。

令典范模型为四元组 $M^c = \langle W^c, R^c_\otimes, R^c_\oplus, f^c \rangle$ 且满足下面的四个条件：

[1] $W^c = F_\vdash$

[2] $R^c_\otimes XYZ$ 当且仅当 $Y \otimes Z \subseteq X$

[3] $R^c_\oplus XYZ$ 当且仅当 $Y \vdash X \subseteq Z$

[4] $f^c(A) = \{X \in W^c \mid p \in X\}$

再次，证明真值引理。

定理 5.1.1.11 对于任意公式 $A \in F$，任意滤 $X \in F_\vdash$，$X \in \| A \|_{M}^{c}$ 当且仅当 $A \in X$。

证明：对 A 的复杂性施归纳。

当 A 为原子公式时，由 f^c 的定义可得结论成立。

假设当 A 中包含的联结词数量为 $n-1$ 时结论成立，求当 A 中包含的联结词数量为 n 时结论也成立。这时要讨论 $A = B \otimes C$、B/C、$B \backslash C$、$B \oplus C$、$B \oslash C$、$B \oslash C$ 六种情况。本书中我们以 $A = B \oplus C$ 或 $B \oslash C$ 的情况为例：

[1] $X \in \| B \oplus C \|_{M}^{c}$ 当且仅当 $B \oplus C \in X$

从左到右：假设 $X \in \| B \oplus C \|_{M}^{c}$，由语义定义可得 $\forall Y \forall Z (R^c_\oplus XYZ \to (Y \in \| B \|_{M}^{c} \vee Z \in \| C \|_{M}^{c}))$，即 $\forall Y \forall Z (Y \oslash X \subseteq Z \wedge Y \notin \| B \|_{M^c} \to Z \in \| C \|_{M}^{c})$。为使得其前提成立，可令 $Y = \lceil B \rceil$、$Z = Y \oslash X$，由此可得 $Z \in \| C \|_{M}^{c}$。由归纳假设得 $C \in Z$，即 $C \in \lceil B \rceil \oslash X$。由 $\oslash$ 的定义得 $\exists A_1 \exists A_2 (A_1 \notin \lceil B \rceil \wedge A_2 \in X \wedge A_2 \vdash A_1 \oplus C)$。由 $A_1 \notin \lceil B \rceil$ 可得 $A_1 \vdash B$，再由 A_2

⊢$A_1 \oplus C$ 通过（trans）可得 $A_2 \vdash B \oplus C$，因为 X 是个滤，所以从 $A_2 \in X$ 且 $A_2 \vdash B \oplus C$ 可得 $B \oplus C \in X$。

从右到左：假设 $B \oplus C \in X$，求 $X \in \parallel B \oplus C \parallel_M^c$，即 $\forall Y \, \forall Z \, (R_\oplus^c XYZ \wedge Y \notin \parallel B \parallel_M^c \rightarrow Z \in \parallel C \parallel_M^c)$，所以假定 $R_\oplus^c XYZ \wedge Y \notin \parallel B \parallel_M^c$ 求 $Z \in \parallel C \parallel_M^c$。由归纳假设得 $B \notin Y$，再由 $R_\oplus^c XYZ$ 和假设 $B \oplus C \in X$ 可得 $B \oslash (B \oplus C) \in Z$。又因为 $B \oslash (B \oplus C) \vdash C$，Z 是一个滤，所以 $C \in Z$，由归纳假设得 $Z \in \parallel C \parallel_M^c$。

〔2〕$X \in \parallel B \oslash C \parallel_{MLG\varnothing}$ 当且仅当 $B \oslash C \in X$

从左到右：假设 $X \in \parallel B \oslash C \parallel_{MLG\varnothing}$，求 $B \oslash C \in X$。由假设得 $\exists Y \, \exists Z \, (R_\oplus^c ZYX \wedge Y \notin \parallel B \parallel_{MLG\varnothing} \wedge Z \in \parallel C \parallel_{MLG\varnothing})$，即 $\exists Y \, \exists Z \, (Y \oslash Z \subseteq X \wedge Y \notin \parallel B \parallel_{MLG\varnothing} \wedge Z \in \parallel C \parallel_{MLG\varnothing})$。由归纳假设得 $B \notin Y$ 且 $C \in Z$。因为 $B \oslash C \vdash B \oslash C$，所以由 $\oslash$ 的定义得 $B \oslash C \in Y \oslash Z$，所以 $B \oslash C \in X$。

从右到左：假设 $B \oslash C \in X$，求 $X \in \parallel B \oslash C \parallel_{MLG\varnothing}$，即求 $\exists Y \, \exists Z \, (R_\oplus^c ZYX \wedge Y \notin \parallel B \parallel_{MLG\varnothing} \wedge Z \in \parallel C \parallel_{MLG\varnothing})$。由引理 5.1.1.8 得 $\ulcorner B \urcorner \oslash \llcorner C \lrcorner \subseteq X$，由典范模型的定义可得 $R_\oplus^c \llcorner C \lrcorner \ulcorner B \urcorner X$。因为 $B \notin \ulcorner B \urcorner$ 且 $C \in \llcorner C \lrcorner$，所以由归纳假设得 $X \in \parallel B \oslash C \parallel_{MLG\varnothing}$。

最后，证明给出完全性定理。这里要注意的是，$LG_\varnothing$ 中有效性的定义与前文中所定义的相同。

定理 5.1.1.12（完全性定理）在 $LG_\varnothing$ 中，如果 ⊨ $X \rightarrow A$，那么 $\vdash_{LG\varnothing} X \rightarrow A$。

证明：给出定理逆否命题的证明。假设 $X \rightarrow A$ 在 $LG_\varnothing$ 中不可证，即 $A \notin X$ 则由真值引理得 $X \notin \parallel A \parallel_M^c$。又因为 $X \in \parallel X \parallel_M^c$，所以 $X \rightarrow A$ 不是有效的。

在 $LG_\varnothing$ 的可靠性定理证明中，我们只要说明该演算中公理都是有效的且推导规则具有保真性即可。

在 $LG_\varnothing$ 这一极小的对称系统中，三元关系 $R_\otimes$ 和 $R_\oplus$ 是不同的并且我们也并未对这两个三元关系的互动施加任何的限制。但是对于上文所给出的那些对 $LG_\varnothing$ 的扩充系统而言，我们就需要在框架上施加限制条件，以刻画并约束 $R_\otimes$ 和 $R_\oplus$ 的解释之间的关系。以公理 $(A \oslash B) \otimes C \rightarrow A \oslash (B \otimes C)$ 为例。如果我们要为 $LG_\varnothing$ 添加了这一公理后得到的系统（可记为 $LG_{\varnothing+G}$）进行语义解释，那么就需要对上文中所给出的语义以及元定理证明作出如下的修改：

[1]　增加框架上的限制条件：

$$\forall x \, \forall y \, \forall z \, \forall w \, \forall u \left[\, (R_{\otimes}xyz \wedge R_{\oplus}^{(-2)}ywu) \Rightarrow \exists t \, (R_{\oplus}^{(-2)}xwt \wedge R_{\otimes}tuz) \right]$$

其中 $R_{\oplus}^{(-2)}xyz = R_{\oplus}zyx$

[2]　重新证明定理 5.1.1.9 和定理 5.1.1.10 以及真值引理

具体细节见库特尼那和莫特盖特（N. Kurtonina and M. Moortagat, 2010）。这篇论文并没有给出带有伽罗瓦连接的对称演算应该如何给出语义解释的问题。

莫特盖特（M. Moortagat，2010）指出，对于由语言符号串所构成的可能世界集 W 以及 W 上不同的二元关系 R、S 而言 ^0A、A^0、^1A、A^1 的框架语义解释可被定义如下：

$$^0A = \{x \mid \forall y \, (y \in A \rightarrow Rxy)\} \qquad A^0 = \{y \mid \forall x \, (x \in A \rightarrow Rxy)\}$$

$$A^1 = \{y \mid \exists x \, (Sxy \wedge x \notin A)\} \qquad ^1A = \{x \mid \exists y \, (Sxy \wedge y \notin A)\}$$

除库特尼那和莫特盖特所给出的这种框架语义解释以及元定理证明方法外，我们还可将这种语义解释与形式语义的定义相结合进而给出对称范畴演算系统的语义解释以及相应的元定理证明。

之所以要将范畴类型逻辑中的传统语义解释与形式语义的定义相结合，是因为传统的语义解释用三元关系 R 表示语言符号串之间的复合构造，从这一三元关系中，我们只能看出语言符号串之间的左右关系，即从 Rxyz 得出 x 由 y 和 z 构成且 y 在左 z 在右。但是在语言学中，语言符号串之间除左右关系外，还有支配关系，而支配关系却无法体现在传统的语义解释当中，所以上下文无关的形式语法的定义可以被加入到传统的语义解释中去，以体现语词之间的支配关系。

第 1 章中已经给出了形式语法的定义，在这里我们还将简要阐述一下与此相关的一些概念以便于读者的理解。

对于任一四元组 $G = \langle V_N, V_T, S', P \rangle$，其为一个上下文无关语法当且仅当下面的条件被满足：

[1]　V_N 是由非终极符号构成的集合，V_T 是由终极符号构成的集合且 $V_N \cap V_T = \varnothing$

[2]　S' 为 G 中的初始符号且 $S' \in V_N$

[3]　P 为 G 中的重写规则集且 P 中的元素都具有 $A \rightarrow \psi$ 这一形式，其中 $A \in V_N$、$\psi \in V*$

其中，集合 V_N 和集合 V_T 中的元素可分别使用大写拉丁字母和小写拉丁字母表示。

　　语法 G 的字母表可表示为 V 且 V = $V_N \cup V_T$。由 V 中符号构成的符号串的集合可表示为 V ＊（$\varnothing \in$ V ＊），由 V_T 中终极符号构成的符号串所构成的集合可表示为 V_T ＊。

　　给定一个上下文无关语法 G = $\langle V_N, V_T, S', P \rangle$，推导关系 "$\Rightarrow$ ＊" 可被递归定义如下：

　　［1］如果 A $\in V_N$ 且 $\psi \in V_T$ ＊，那么 A$\rightarrow\psi$ 即 A $\Rightarrow\psi$；

　　［2］$\Rightarrow$ ＊是$\Rightarrow$的自返传递闭包且箭头右边的符号串属于 V_T ＊。

　　定义 5.1.1.13（LG 的框架 F_{LG}）对于任意上下文无关语法 G（ = $\langle V_N$, V_T, S', P $\rangle$），LG 的框架 $F_{LG}=\langle W_G, R_G \rangle$ 要满足如下的两个条件：

　　［1］$W_G = U_{A \in VN} \{\langle A, w \rangle \mid w \in V_T$ ＊且 A $\Rightarrow$ ＊w$\}$

　　［2］$R_G (\langle A, u \rangle, \langle B, v \rangle, \langle C, w \rangle)$ iff u = vw 且 A$\rightarrow$BC $\in$P

　　定义 5.1.1.14（LG 的模型 M_{LG}）一个二元组$\langle F_{LG}, f_G \rangle$是 LG 的模型 M_{LG} 当且仅当下面的条件被满足：

　　［1］F_{LG} 是 LG 框架

　　［2］f_G 是一个从原子公式到 W_G 子集的函数

　　　　$f_G(s) = \{\langle S, w \rangle \mid w \in V_T$ ＊且 S $\Rightarrow$ ＊w$\}$

　　　　$f_G(n) = \{\langle N, w \rangle \mid w \in V_T$ ＊且 N $\Rightarrow$ ＊w$\}$

　　　　$f_G(np) = \{\langle NP, w \rangle \mid w \in V_T$ ＊且 NP $\Rightarrow$ ＊w$\}$

　　其中大写的 S、N 和 NP 表示范畴，他们所对应的小写形式则表示系统中的原子公式。

　　定义 5.1.1.15（LG 框架 F_{LG} 上的运算）给定上下文无关语法 G（ = $\langle V_N, V_T, S', P \rangle$）以及 P、Q $\subseteq W_G$，可定义框架 F_{LG} 上的运算如下：

　　［1］$\langle C, u \rangle \in \langle P \otimes Q \rangle$ 当且仅当存在$\langle A, v \rangle$、$\langle B, w \rangle \in W_G$ 使得 C$\rightarrow$AB $\in$ P、u = vw、$\langle A, v \rangle \in$P 且$\langle B, w \rangle \in$Q

　　［2］$\langle A, v \rangle \in \langle P/Q \rangle$ 当且仅当对于任意$\langle B, w \rangle$、$\langle C, vw \rangle \in W_G$ 使得 C$\rightarrow$AB$\in$P 且如果$\langle B, w \rangle \in$Q，那么$\langle C, vw \rangle \in$P

　　［3］$\langle B, w \rangle \in \langle Q \backslash P \rangle$ 当且仅当对于任意$\langle A, v \rangle$、$\langle C, vw \rangle \in W_G$ 使得 C$\rightarrow$AB$\in$P 且如果$\langle A, v \rangle \in$Q，那么$\langle C, vw \rangle \in$P

　　［4］$\langle C, u \rangle \in \langle P \oplus Q \rangle$ 当且仅当对于任意$\langle A, v \rangle$、$\langle B, w \rangle \in W_G$ 使得 C$\rightarrow$AB $\in$P、u = vw、$\langle A, v \rangle \in$P 或者$\langle B, w \rangle \in$Q

　　［5］$\langle A, v \rangle \in \langle P \oslash Q \rangle$ 当且仅当存在$\langle B, w \rangle$、$\langle C, vw \rangle \in W_G$ 使得 C$\rightarrow$

AB ∈P、⟨B，w⟩∉Q 且⟨C，vw⟩∈P

［6］⟨B，w⟩∈⟨Q ⊘ P⟩当且仅当存在⟨A，v⟩、⟨C，vw⟩∈W$_G$使得 C→AB ∈P、⟨A，v⟩∉Q 且⟨C，vw⟩∈P

在定义 5.1.1.14 以及定义 5.1.1.15 的基础上，函数 f$_G$ 可被扩充成对 LG 中公式的解释以对系统中所有的范畴进行语义赋值。

定义 5.1.1.16（LG 模型 M$_{LG}$ 上的解释）：

［1］‖ A ‖$_{MLG}$ = f$_G$（A）当且仅当 A 是原子公式

［2］‖ A ⊗B ‖$_{MLG}$ = ｛x｜∃y ∃z（y ∈‖ A ‖$_{MLG}$∧z ∈‖ B ‖$_{MLG}$∧R$_G$ xyz）｝

［3］‖ A \ B ‖$_{MLG}$ = ｛x｜∀y ∀z（y ∈‖ A ‖$_{MLG}$∧R$_G$ zyx → z ∈‖ B ‖$_{MLG}$）｝

［4］‖ A／B ‖$_{MLG}$ = ｛x｜∀y ∀z（y ∈‖ B ‖$_{MLG}$∧R$_G$ zxy → z ∈‖ A ‖$_{MLG}$）｝

［5］‖ A ⊕B ‖$_{MLG}$ = ｛x｜∀y ∀z（R$_G$ xyz → y ∈‖ A ‖$_{MLG}$∨z ∈‖ B ‖$_{MLG}$｝

［6］‖ A ⊘ B ‖$_{MLG}$ = ｛x｜∃y ∃z（y ∈‖ A ‖$_{MLG}$∧R$_G$ yxz ∧z ∉‖ B ‖$_{MLG}$）｝

［7］‖ A ⊙ B ‖$_{MLG}$ = ｛x｜∃y ∃z（y ∈‖ A ‖$_{MLG}$∧R$_G$ zyx ∧z ∈‖ B ‖$_{MLG}$）｝

这里需要注意的是，可能世界集 W$_G$ 中的元素都是形如⟨A，w⟩这样的二元组，因此定义 5.1.1.16 与定义 5.1.1.6 本质上还是不相同的。

5.2　对称范畴语法的 Gentzen 表示

5.2.1　对称范畴语法 Gentzen 表示中的语法特点

范畴类型逻辑 Gentzen 表示的一个很重要的特点就是可判定性，而可判定性这一结论的得出则是建立在 Cut 消去规则基础上的。但是阿布鲁斯基（V. Abrusci，1991）却指出一般的两边的 Gentzen 表示是没有 Cut 消去这一结论的。基于相似的原因，LG 系统的 Gentzen 表示也是没有 Cut 消去规则的，所以为了在 Gentzen 表示中重拾 Cut 消去规则，学者们开始尝试利用展示逻辑（display logic）或叠置的（nested）Gentzen 表示的方式来解决这一问题。本小节中我们将介绍的就是莫特盖特（M. Moortgat，

2009）利用展示逻辑所给出的对称演算的 Gentzen 表示版本。

在给出具体的 Gentzen 表示之前，我们首先给出一些重要的记法和定义：

［1］原子公式以及由⊗、＼、／、⊕、◌、⊘这些联结词连接而成的复合公式被表示为：A、B、…。

［2］原子结构（即公式）以及由结构联结词连接而成的复合结构被表示为：X、Y、…。

［3］每一个逻辑联结词都对应着一个结构联结词。本书中我们并不对这两种联结词加以区分，但却会用加中间点的方式将构成结构的构成部分区分开来。例如，C/（A＼B）本身是一个公式，它表示的是一个由原子公式 A、B、C 以及联结词＼和/所构成的公式。但是·C·/·A＼B·所表示的则是一个结构，该结构由公式·C·和·A＼B·通过结构的右斜线算子联结词构成。在不会引起歧义的情况下，我们将省略最外层的括号。

定义 5.2.1.1（结构）输入（前提）结构和输出（结论）结构可被递归定义如下：

（i）输入（前提）

$S^{\bullet} = \cdot F \cdot,\ S^{\bullet} \cdot \otimes \cdot S^{\bullet},\ S^{\circ} \cdot \medcirc \cdot S^{\bullet},\ S^{\bullet} \cdot \oslash \cdot S^{\circ},\ {}^{1} \cdot S^{\circ},\ S^{\circ} \cdot {}^{1}$

（ii）输出（结论）

$S^{\circ} = \cdot F \cdot,\ S^{\circ} \cdot \oplus \cdot S^{\circ},\ S^{\bullet} \cdot \backslash \cdot S^{\circ},\ S^{\circ} \cdot / \cdot S^{\bullet},\ S^{\bullet \cdot 0},\ {}^{0} \cdot S^{\bullet}$

［4］新生公式（active formulas）和被动公式（passive formulas）。

那些我们用以构造结构的公式就是被动公式。一个序列中最多含有一个新生公式。依赖于新生公式出现的次数和位置，我们可有两种序列：（i）不含新生公式的序列（当新生公式的出现次数为零时）；（ii）含新生公式的序列，这种情况下又可分为：新生公式出现在结论中的序列和新生公式出现在前提中的序列。

定义 5.2.1.2（LG 的 Gentzen 表示）

$$\text{公理} + \text{Cut}$$

$$\dfrac{}{\cdot A \cdot \vdash A}\ \text{axiom}_r \qquad \dfrac{X \vdash A \quad A \vdash Y}{X \vdash Y}\ \text{Cut} \qquad \dfrac{}{A \vdash \cdot A \cdot}\ \text{axiom}_l$$

Focusing

$$\frac{X \vdash A \cdot}{X \vdash A} \ \text{focus}_r \qquad \frac{\cdot A \cdot \vdash Y}{A \vdash Y} \ \text{focus}_l$$

（对偶）冗余/驻留律

$$\frac{\dfrac{Y \vdash X \cdot \backslash \cdot Z}{X \cdot \otimes \cdot Y \vdash Z}\ r}{X \vdash Z \cdot / \cdot Y}\ r \qquad \frac{\dfrac{Z \cdot \oslash \cdot X \vdash Y}{Z \vdash Y \cdot \oplus \cdot X}\ dr}{Y \cdot \oslash \cdot Z \vdash X}\ dr$$

分配律

$$\frac{X \cdot \otimes \cdot Y \vdash Z \cdot \oplus \cdot W}{X \cdot \oslash \cdot W \vdash Z \cdot / \cdot X}\ d \oslash / \qquad \frac{X \cdot \otimes \cdot Y \vdash Z \cdot \oplus \cdot W}{Y \cdot \oslash \cdot W \vdash X \cdot \backslash \cdot Z}\ d \oslash \backslash$$

$$\frac{X \cdot \otimes \cdot Y \vdash Z \cdot \oplus \cdot W}{Z \cdot \oslash \cdot X \vdash W \cdot / \cdot Y}\ d \oslash / \qquad \frac{X \cdot \otimes \cdot Y \vdash Z \cdot \oplus \cdot W}{Z \cdot \oslash \cdot Y \vdash X \cdot \backslash \cdot W}\ d \oslash \backslash$$

联结词引入规则

$$\frac{X \vdash A \quad B \vdash Y}{A \backslash B \vdash X \cdot \backslash \cdot Y}\ \backslash L \qquad \frac{X \vdash A \cdot \backslash \cdot B}{X \vdash A \backslash B}\ \backslash R$$

$$\frac{X \vdash A \quad B \vdash Y}{B \backslash A \vdash Y \cdot\!\oslash\!\cdot X}\ /L \qquad\qquad \frac{X \vdash B \cdot\!\oslash\!\cdot A}{X \vdash B / A}\ /R$$

$$\frac{B \cdot\!\oslash\!\cdot A \vdash X}{B \oslash A \vdash X}\ \oslash L \qquad\qquad \frac{X \vdash A \quad B \vdash Y}{X \cdot\!\oslash\!\cdot Y \vdash A \oslash B}\ \oslash R$$

$$\frac{A \cdot\!\odot\!\cdot B \vdash X}{A \odot B \vdash X}\ \odot L \qquad\qquad \frac{X \vdash A \quad B \vdash Y}{Y \cdot\!\odot\!\cdot X \vdash B \odot A}\ \odot R$$

$$\frac{B \vdash Y \quad A \vdash X}{B \oplus A \vdash Y \cdot\!\oplus\!\cdot X}\ \oplus L \qquad\qquad \frac{X \vdash B \cdot\!\oplus\!\cdot A}{X \vdash B \oplus A}\ \oplus R$$

$$\frac{A \cdot\!\otimes\!\cdot B \vdash Y}{A \otimes B \vdash Y}\ \otimes L \qquad\qquad \frac{X \vdash A \quad Y \vdash B}{X \cdot\!\otimes\!\cdot Y \vdash A \otimes B}\ \otimes R$$

定理 5.2.1.3（Cut 消去）LG 的 Gentzen 表示中，如果 $X \Rightarrow A$ 可证，那么就会存在 $X \Rightarrow A$ 的一个不使用 Cut 规则的证明。

证明：大体思路与 L 的 Gentzen 表示中的 Cut 消去定理相同。主要的区别在于要区分 Cut 公式的如下两种情况：

［1］Cut 公式是在 Cut 规则应用的两个前提中由联结词引入规则引入的；

［2］Cut 公式是在 Cut 规则应用的一个前提中由 focusing 规则引入的。

在情况［1］中，以左右前提分别是由规则 ⊕R 和 ⊕L 得到的子情况为例：

$$X \vdash B \cdot\oplus\cdot A$$
$$\rule{6cm}{0.4pt} \oplus R \qquad \qquad \rule{6cm}{0.4pt} \oplus L$$
$$X \vdash B \oplus A \qquad\qquad B \oplus A \vdash Y \cdot\oplus\cdot Z$$

$$\rule{12cm}{0.4pt}\ \text{Cut}$$

$$X \vdash Y \cdot\oplus\cdot Z$$

可转换为：

$$X \vdash B \cdot\oplus\cdot A$$
$$\rule{5cm}{0.4pt}\ dr$$
$$X \cdot\oslash\cdot A \vdash \cdot B \cdot$$
$$\rule{5cm}{0.4pt}\ focus_r$$
$$X \cdot\oslash\cdot A \vdash B \qquad\qquad B \vdash Y$$
$$\rule{8cm}{0.4pt}\ \text{Cut}$$
$$X \cdot\oslash\cdot A \vdash Y$$
$$\rule{5cm}{0.4pt}\ dr$$
$$X \vdash Y \cdot\oplus\cdot A$$
$$\rule{5cm}{0.4pt}\ dr$$
$$Y \cdot\oslash\cdot X \vdash \cdot A \cdot$$
$$\rule{5cm}{0.4pt}\ focus_r$$
$$Y \cdot\oslash\cdot X \vdash A \qquad\qquad A \vdash Z$$
$$\rule{10cm}{0.4pt}\ \text{Cut}$$
$$Y \cdot\oslash\cdot X \vdash Z$$
$$\rule{10cm}{0.4pt}\ dr$$
$$X \vdash Y \cdot\oplus\cdot Z$$

在情况［2］中，以右前提由规则 $focus_1$ 得到的子情况为例：

$$\rule{7cm}{0.4pt}\ axiom_r$$
$$\cdot A \cdot \vdash A$$

$$\vdots$$

$$\frac{\cdot A \cdot \vdash Y}{\quad} \text{focus}_1$$

$$\frac{X \vdash A \qquad\qquad A \vdash Y}{X \vdash Y} \text{Cut}$$

可转换为：

$$X \vdash A$$
$$\vdots$$
$$\overline{\quad\quad}$$
$$X \vdash Y$$

对于带伽罗瓦连接的 LG 而言，我们还需要增加如下的这两类规则：

[1]（对偶）伽罗瓦连接律

$$\frac{X \vdash^0 \cdot A}{A \vdash X^{\cdot 0}} \text{gc} \qquad\qquad \frac{X^{\cdot 1} \vdash A}{^1 \cdot A \vdash X} \text{dgc}$$

[2] 逻辑联结词的引入规则

$$\frac{A^{\cdot 1} \vdash Y}{A^1 \vdash Y} \cdot^1 L \qquad\qquad \frac{A \vdash Y}{Y^{\cdot 1} \vdash A^1} \cdot^1 R$$

$$\frac{X \vdash^0 \cdot A}{X \vdash^0 A} {}^0 \cdot R \qquad\qquad \frac{X \vdash A}{^0 A \vdash^0 \cdot X} {}^0 \cdot L$$

增加了上述联结词的引入规则后得到的 LG 系统仍然可得 Cut 消去定理。以 Cut 规则的左右前提分别是由规则$^0{\cdot}$R 和$^0{\cdot}$L 而得的子情况为例：

$$
\dfrac{\dfrac{X \vdash^{0\cdot} A}{X \vdash^0 A}{}^{0\cdot}R \quad \dfrac{Y \vdash A}{{}^0 A \vdash^{0\cdot} Y}{}^{0\cdot}L}{X \vdash^{0\cdot} Y}\ Cut
$$

可转换为：

$$
\dfrac{\dfrac{Y \vdash A \qquad \dfrac{X \vdash^{0\cdot} A}{A \vdash X^{\cdot 0}}gc}{\dfrac{Y \vdash X^{\cdot 0}}{X \vdash^{0\cdot} Y}gc} Cut}{}
$$

5.2.2　对称范畴语法 Gentzen 表示中的语义特点

LG 的计算语义采用的是后继传递格式（continuation-passing-style），即 CPS 的形式以将原逻辑中多结论的推导与 LP（即结合又交换的兰贝克演算）中单结论的推导联系起来。本小节中，我们就将说明 CPS 在 LG 语义构建上的应用。其中第 5.2.2.1 小节将给出 CPS 的一个简要介绍；第 5.2.2.2 小节介绍了使得 CPS 与 LG 匹配的$\overline{\lambda}\mu\tilde{\mu}$演算；第 5.2.2.3 小节说明 LG 与 LP 之间的关联性；第 5.2.2.4 小节则给出具体的例子。

5.2.2.1　CPS 简介

在计算机程序语言的理论中，所谓的后继是指控制状态，即被执行的计算的未来发展状态。通过将控制状态作为一个参数增加到解释中，一个程序就可能会处理它的后继或者说未来状态，因此具有 A→B 这种函数类型的表达式将不再被简单视为一个将 A 值转变为 B 值的程序，而是要被视为另一种程序，即当 A 值出现时，这个程序就给出一个函数以规定当 B

值在某一求值语境中出现时，这个计算该如何进行下去。通过语境的精确表示，我们就能在值和它的求值语境交流互动的情况下，区分不同的求值策略。如传值调用（call-by-value）策略给出的就是对值进行运算的程序，而传名调用（call-by-name）策略给出的则是对求值语境进行运算的程序。

在范畴类型逻辑中，多模态的范畴类型逻辑以及不连续的兰贝克演算等不连续系统，都是通过让句法演算中的组合方式更加灵活的方法获得语义上表达力的提升。而通过将 CPS 作为一种翻译模式将原系统中的句法演算与目标系统中的语义演算结合起来，我们就能使用 CPS 创造新的意义组合方式以体现句法和语义的接口。

本书中，我们以本瑟姆和默伦（J. van Benthem and A. Meulen，2011）所提及的一个 CPS 翻译为例来说明 CPS 在范畴类型逻辑中的应用。

首先，选定 AB 演算为原系统、LP 系统为目标系统。其次，对于任意原系统中的公式 A，用 A $'$ 表示公式 A 在原系统中所对应的语义类型。对 A 在其原系统中所对应的语义类型进行加标，即都表示为 A $'\to$t 这一形式。最后，在目标系统的语义中，将加标后的原系统语义类型翻译为一个计算，即一个附加在原系统加标语义类型上的函数，如果用 A $''$ 表示这种计算，那么 A $''$ =（A $'\to$t）$\to$t。举例来说，对于 AB 系统中的公式 NP 而言，其会在目标系统被翻译为（e$\to$t）$\to$t 这一语义类型，即 NP $''$ =（NP $'\to$t）$\to$t。

上文所介绍的还只是对公式的翻译方式，下面我们以左斜线消去规则和右斜线消去规则为例来说明这种翻译方式对证明的处理方法。

$$\left.\begin{array}{l}\text{左斜线消去规则：}(A,\ A\backslash B\vdash_{AB}B)\ ''\\[2mm]\text{右斜线消去规则：}(B/A,\ A\ \vdash_{AB}B)\ ''\end{array}\right\}=\begin{array}{l}(A'\to t)\to t,\ ((A'\to B')\\[2mm]\qquad\to t)\to t\vdash_{LP}(B'\to t)\to t\end{array}$$

在目标运算 LP 中，前提（A $'\to$t）$\to$t 是论元的（·）$''$像，而（（A $'\to$B $'$）$\to$t）$\to$t 则是函数的（·）$''$像。对于这两个（·）$''$像，我们可以选择不同的求值次序（evaluation order）。

　［1］首先给出论元的（·）$''$像的值，然后给出函数的（·）$''$像的值

　［2］首先给出函数的（·）$''$像的值，然后给出论元的（·）$''$像的值

第一种求值次序可表示为·$^{<}$；第二种求值次序可表示为·$^{>}$。如果用 M

表示斜线消去规则中函数公式的语义类型，用 N 表示斜线消去规则中论元公式的语义类型，且用·'或'·标记出论元语义类型的位置，那么（M'N）和（N'M）就分别表示出了与右斜线消去规则和左斜线消去规则柯里霍华德对应的证明项。在目标系统 LP 的语言中，可用 m、n 分别表示类型 A'→B'以及 A'中的变元，用 k 表示 B'→t 这一后继（continuation）类型。在上述两种求值次序下，左、右斜线消去规则的（·）″像可表示为：

[1]（M'N）$^<$ =（N'M）$^<$ = λk.（N$^<$ λn.（M$^<$ λm.（k（mn）)))

[2]（N'M）$^>$ =（M'N）$^>$ = λk.（M$^>$ λm.（N$^>$ λn.（k（mn）)))

由此可见，通过对·$^<$以及·$^>$这两种求值次序的选择，AB 演算中的很多推演可以在目标系统 LP 中获得不同的解释。以语句 Everyone Loves someone. 为例。这一语句既可表示"对于所有人而言，都存在一个他喜欢的人"，也可以表示"存在某一个人，他被所有人喜欢"。这两种解释分别可以通过求值次序·$^<$以及·$^>$获得。

[1]（everyone'（loves'someone））$^<$ = λk.（∀λx.（∃λy. k（（loves y) x)))

[2]（everyone'（loves'someone））$^>$ = λk.（∃λy.（∀λx. k（（loves y) x)))

其中，x、y 分别表示类型 everyone'和 someone'中的变项。

如图 5.2.2.1 中所示，通过任意一种求值次序，我们都分别能构建出一个具有组合性的语义解释。相较于句法语义接口中所体现出的函数关系，这里所得到的语义解释更能体现句法语义之间的相对性和关联性。

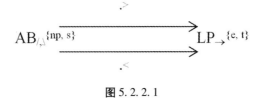

图 5.2.2.1

5.2.2.2 词项的匹配

由柯里霍华德对应定理可知，在直觉主义逻辑中，每一个句法推演都会对应着一个 λ 演算中的推演，而与 LG 演算中的证明柯里霍华德对应的词项演算（term calculus）则是 $\overline{\lambda}\mu\tilde{\mu}$ 演算。本书中我们所使用的 $\overline{\lambda}\mu\tilde{\mu}$ 演算版本是科瑞恩和何柏林（P. Curien and H. Herbelin，2000）所构建的 $\overline{\lambda}\mu\tilde{\mu}$ 演算的一个双线且有方向的版本（bilinear directional version）。

这一演算是在 λμ 演算的基础上构建的。在数学和计算机科学中，λμ 演算是一种 λ 演算的扩充以描述经典逻辑中的对应定理。这一扩充是在帕里哥特（M. Parigot，1992）的研究中给出的。帕里哥特在 λ 演算的字母表中添加了 μ 算子以命名或确定任意的子项，这样我们就能对这些命名加以抽象。

本书中，我们将注意力集中到 LG 的蕴涵片段上，即将 LG 中的联结词限制到 \、/、⊘、⊙ 这四种上。在此基础上，再区分三种类型的表达式，即项（terms）、语境（contexts）和命令（commands）。

定理 5.2.2.1（项、语境、命令）

项　$v = x$, $\mu\alpha. c$, $v \oslash e$, $e \odot v$, $\lambda(x, \beta) . c$, $\lambda(\beta, x) . c$

语境　$e = \alpha \mid \tilde{\mu}x.c \mid v \backslash e \mid e / v \mid \tilde{\lambda}(x, \beta).c \mid \tilde{\lambda}(\beta, x).c$

命令　$c = \langle v \mid e \rangle$

对于任意项 $\mu\alpha. c$ 而言，其表示将 c 中的构成部分 α 抽象出来；而 $\tilde{\mu}x.c$ 则表示将 c 中的构成部分 x 抽象出来。由于 α 和 x 分别表示语境和项，所以才会使用 μ 和 μ 加上横波纹号的方式将这两种抽象区分开来。

命令 $c = \langle v \mid e \rangle$，即一个命令中包含一个项和一个语境，所以项 $\lambda(x, \beta) . c$ 和 $\lambda(\beta, x) . c$ 中，算子 λ 是附加到命令 c 中的项和语境上的。而如果项 $\lambda(x, \beta) . c$ 和 $\lambda(\beta, x) . c$ 的算子 λ 上被添加了横波纹号，那么得到的就是语境且该语境对应的是原项所对应的运算的对偶运算。

对应着这三类表达式的类型，存在三种类型的序列，分别是：$X \vdash^c Y$、$X \vdash^v A$ 和 $A \vdash^e Y$。

在这三类序列中，X 和 Y 表示的是输入（或输出）结构，这些结构由带有变项标记 x, y, …（输入）或余变项（co-variables）标记 α, β, …（输出）的被动公式构成。一个序列至多包含一个未加标的新生公式。新生公式确定了证明的类型。而证明项就作为上标位于推演符号"$\vdash$"的右上方。

这样规定后，对于 LG 的 Gentzen 表示中的规则和公理，我们可以为其匹配如下这样的类型。

公理 + Cut

$$X \vdash^v A \qquad A \vdash^e Y$$

$$\frac{}{x : A \vdash^x A}\ \text{axiom}_r \qquad \frac{X \vdash^v A \quad A \vdash^e Y}{X \vdash^{\langle v|e\rangle} Y}\ \text{Cut} \qquad \frac{}{A \vdash^\alpha \alpha : A}\ \text{axiom}_l$$

Focusing

$$\frac{X \vdash^c \alpha : A}{X \vdash^{\mu\alpha.c} A}\ \text{focus}_r \qquad \frac{x : A \vdash^c Y}{A \vdash^{\tilde{\mu} x.c} Y}\ \text{focus}_l$$

联结词的引入规则

$$\frac{X \vdash^v A \quad B \vdash^e Y}{AB \vdash^{v|e} X \cdot \backslash \cdot Y}\ \backslash\,L \qquad \frac{X \vdash^c x : A \cdot \backslash \cdot \beta : B}{X \vdash^{\lambda(x,\beta).c} A \backslash B}\ \backslash\,R$$

$$\frac{X \vdash^v A \quad B \vdash^e Y}{B \backslash A \vdash^{e/v} Y \cdot \diagup \cdot X}\ \diagup L \qquad \frac{X \vdash^c \beta : B \cdot \diagup \cdot x : A}{X \vdash^{\lambda(\beta,x).c} B/A}\ \diagup R$$

$$\frac{x : B \cdot \vdash \cdot \beta : A \vdash^c X}{B \oslash A \vdash^{\tilde{\lambda}(x,\beta).c} X}\ \oslash L \qquad \frac{X \vdash^v A \quad B \vdash^e Y}{X \cdot \diagup \cdot Y \oslash^v \vdash^e A \oslash B}\ \oslash R$$

$$\frac{\beta : A \cdot \oslash \cdot x : B \vdash^c X}{A \oslash B \vdash^{\tilde{\lambda}(x,\beta).c} X}\ \oslash L \qquad \frac{X \vdash^v A \quad B \vdash^e Y}{Y \cdot \oslash \cdot X \vdash^{e\,\vdash\,v} B \vdash A}\ \oslash R$$

下面，我们给出一些重要的计算规则，这些规则可被视为 Cut 消去定理的缩影：

[1] (\ ) $\langle\lambda(x, \beta)\,.\,c \mid ve\rangle \Rightarrow \langle v\,\tilde{\mu}\mid x.\,\langle\mu\beta.\,c\mid e\rangle\rangle$

[2] (⊘) $\langle v \vdash e \mid \tilde{\lambda}\,(x, \beta)\,.\,c\rangle \Rightarrow \langle\mu\beta.\,\langle v \mid \tilde{\mu}\,x.\,c\rangle\mid e\rangle$

[3] (μ) $\langle\mu\alpha.\,c\mid e\rangle \Rightarrow c\,[\alpha \leftarrow e]$

[4] ($\tilde{\mu}$) $\langle v\mid\tilde{\mu}\,x.\,c\rangle \Rightarrow c\,[x \leftarrow v]$

5.2.2.3 句法与语义的接口

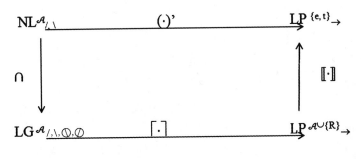

图 5.2.2.2

　　LG 中符号 "⊢" 右边会出现多个结论且这些结论被·⊕·所连接的情况，所以为了获得 LG 中推演在 LP 语义演算中的一个组合性解释，我们需要如下的这两个步骤：

　　[1] 通过一种双重否定式的翻译（double-negation translation）将 LG 中含有多个结论的句法推演映射到单结论、线性、直觉主义的 LP 证明中去。

　　图 5.2.2.2 中 $\mathcal{A}$ 表示类型的集合，映射 ⌈·⌉ 采用 CPS 翻译的形式引入一个被设定好的类型 R。类型 R 所反应的是一个计算的类型。在映射的论域或目标演算中，后继就是一个从值到反映值的函数。

　　[2] 通过将 R 映射为 t，即真值的类型，图 5.2.2.2 中的映射 ⌈·⌉ 将 CPS 翻译的输出映射到以 {e, t} 为基础构建的语义演算中去。

　　由图 5.2.2.2 可见，NL 是 LG 的一个子逻辑，通过上述的两个步骤，LG 就得到了一个组合性的解释，而这个解释与 NL 通过直接翻译(·)′ 所得的组合解释一样，都是在 LP$^{\{e,t\}}_{\to}$ 中得到的。

　　在步骤 [1] 中，相对于映射 ⌈·⌉ 而言，任意原类型 A 再经过该映射后，在目标语言中都可能会存在两种不同类型的值①，分别是：

[1] 后继：$\lceil A \rceil \rightarrow R$，即从值到 R 的函数

[2] 计算：$(\lceil A \rceil \rightarrow R) \rightarrow R$，即从后继到 R 的函数

定义 5.2.2.2（映射 $\lceil \cdot \rceil$）

对于 LG 中的公式而言，其在映射 $\lceil \cdot \rceil$ 下的结论可被递归定义如下：

[1] $\lceil A \rceil = A$，如果 A 是一原子公式

[2] 如果将 $A \rightarrow R$ 简记为 $A^{\perp}$，那么可得：

[i] $\lceil B/A \rceil = \lceil A \setminus B \rceil = \lceil B \rceil^{\perp} \rightarrow \lceil A \rceil^{\perp}$

[ii] $\lceil B \oslash A \rceil = \lceil A \oslash B \rceil = (\lceil B \rceil^{\perp} \rightarrow \lceil A \rceil^{\perp})^{\perp} = \lceil A \setminus B \rceil^{\perp}$

由定义 5.2.2.2 可知，目标演算是一个无方向的 LP。对于原类型 AB，其被解释为一个从 B 的后继到 A 的后继的函数。余蕴涵（co-implication）$A \oslash B$ 的解释则是类型 $A \setminus B$ 的对偶，即 CPS 翻译将类型 $A \oslash B$ 的值等同于类型 $A \setminus B$ 的后继。

从证明的角度看，CPS 翻译是一个组合性的映射，这是因为：

[1] ［LG 中，类型 B 的一个项 v 的推演可被映射为一个 LP 中的证明，这一证明是从前件结构 X 的输入的值和输出的后继到 B 计算的证明。

[2] LG 中，类型 A 的一个语境 e 的推演可被映射为一个 LP 中的证明，这一证明是从后件结构 Y 的输入的值和输出的后继到 A 后继的证明。

[3] 原语言中的命令 c 对应于目标语言中从 X、Y 的输入的值和输出的后继到类型 R 的项 $\lceil c \rceil$ 的推演。

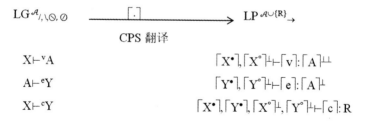

图 5.2.2.3

---

① 对 CPS 翻译而言，有两种求值策略可供我们选择，分别是传值调用（call-by-value）和传名调用（call-by-name）。本小节中，我们采用的是 *Handbook of Logic and Language*（2011）中所采用的传值调用这一求值策略。如果有读者对这一问题感兴趣，特别是对用传名调用的方式为带有伽罗瓦连接的 LG 演算构造 CPS 翻译的问题感兴趣的话，可进一步参考莫特盖特（2010）的相关研究。

从项的角度看，因为项被映射为计算，语境被映射为后继，如图 5.2.2.4所示，所以项的翻译的λ抽象是附加在后继变项 k 上的；在语境的情况下，λ抽象是附加在相关类型的值上的。我们可将对应于元语言中 x（α）的目标语言中的（余）变现写作$\tilde{x}(\tilde{\alpha})$。

要注意的是，$\ulcorner v \vdash e \urcorner = \lambda k.$（$k \ulcorner ve \urcorner$）是$\ulcorner A \vdash B \urcorner = \ulcorner AB \urcorner$这一事实所导致的结果。

项：

$$
\begin{aligned}
\ulcorner x \urcorner &= \lambda k.(k \, \tilde{x}) \\
\ulcorner \lambda(x, \beta).c \urcorner = \ulcorner \lambda(\beta, x).c \urcorner &= \lambda k.(k \, \lambda \tilde{\beta} \lambda \tilde{x}.\ulcorner c \urcorner) \\
\ulcorner v \oslash e \urcorner = \ulcorner e \oslash v \urcorner &= \lambda k.(k \, \lambda u.(\ulcorner v \urcorner \, (u \, \ulcorner e \urcorner))) \\
\ulcorner \mu\alpha.c \urcorner &= \lambda \tilde{\alpha}.\ulcorner c \urcorner
\end{aligned}
$$

语境：

$$
\begin{aligned}
\ulcorner \alpha \urcorner &= \tilde{\alpha} \quad (= \lambda x.(\tilde{\alpha} \, x)) \\
\ulcorner v \backslash e \urcorner = \ulcorner e / v \urcorner &= \lambda u.(\ulcorner v \urcorner \, (u \, \ulcorner e \urcorner)) \\
\\
\ulcorner \tilde{\lambda}(x, \beta).c \urcorner = \ulcorner \tilde{\lambda}(\beta, x).c \urcorner &= \lambda u.(u \, \lambda \tilde{\beta} \lambda \tilde{x}.\ulcorner c \urcorner) \\
\ulcorner \tilde{\mu} x.c \urcorner &= \lambda \tilde{x}.\ulcorner c \urcorner
\end{aligned}
$$

命令：

$$
\ulcorner \langle v \mid e \rangle \urcorner = (\ulcorner v \urcorner \ulcorner e \urcorner)
$$

图 5.2.2.4

5.2.2.4　例示

假定我们区分有时态的短语（或从句）和无时态的短语（或从句）并用范畴 VP 和 TNS 分别加以表示。那么对于及物动词"kiss"而言，其范畴就是（NP \ VP）/NP。如果我们将时态因素（如过去时态）也考虑进来，那么"kiss + ed"的范畴就是（VP ⊘ TNS）⊙（NP \ VP）/NP。这是因为在语词"kiss"的范畴基础上，如果我们经过毗连运算得到 VP，那么就希望能够有一个从 VP 到 TNS 的函数以体现无时态的及物动词转变为有时态的及物动词的这一语言现象，而句法类型指派 VP ⊘ TNS 就满足这一要求。其使得我们能够从（john kiss mary）+ ed 这一结构得到 TNS 短语。

具体的推导如下：

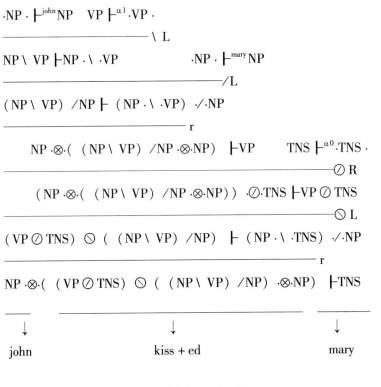

$$\downarrow \qquad\qquad \downarrow \qquad\qquad\qquad \downarrow$$

$$\text{john} \qquad\qquad \text{kiss + ed} \qquad\qquad \text{mary}$$

上面给出的这一推导可被翻译为下面的推演：

$$\mu\alpha_0.\langle \text{kiss+ed} \mid \tilde{\lambda}(\beta, z).\langle (\mu\alpha_1.\langle z \mid ((\text{john} \setminus \alpha_1) / \text{mary})\rangle \oslash \alpha_0) \mid \beta\rangle\rangle \quad [1]$$

通过「˥和╟这两种翻译过程，我们可由 [1] 得

$$\lambda\tilde{\alpha}_0.(\text{kiss+ed}\ \lambda\tilde{\beta}.(\lambda\tilde{z}.(\tilde{\beta}\ \lambda h.((\tilde{z}\ \lambda u.((u\ (h\ \tilde{\alpha}_0))\ \text{john}))\ \text{mary}))))$$

第6章 对称范畴系统 LG_{dis}

在简要概述了 LG 演算基本内容的基础上，本章中，我们将利用 LG 演算这一工具来刻画与汉语反身代词回指照应相关的一些问题。其中第6.1节是对语言学中存在问题的简要说明。第6.2节给出了解决这些问题的对称范畴系统 LG_{dis} 的公理表示。第6.3节是 LG_{dis} 在语言学中的一些应用。

6.1 语言学背景

从语言学的角度看，本章中我们所要解决的与汉语反身代词回指照应相关的问题主要有如下的几个：

[1] 多个先行语的问题

第4章中，利用多模态的范畴类型逻辑系统 MMLLC，我们处理了多个先行语且先行语之间使用合取联结词加以连接的情况。本章中所要处理的则是多个先行语且先行语之间是使用析取联结词加以连接的情况。

例6.1.1 张三或李四崇拜他自己。

例6.1.2 张三或李四害了他们自己。

例6.1.1 中，先行语"张三"和"李四"由析取联结词"或"连接，这一句子所表示的意义实际上是张三崇拜张三或者李四崇拜李四。例6.1.2 中，先行语"张三"和"李四"也由析取联结词"或"加以连接，但是这一句子的意思却是张三害了张三和李四或者李四害了张三和李四。

[2] 与量化表达式相关的问题

当一个语句中存在量化表达式的时候就很容易出现辖域歧义的问题。如语句："每个人都喜欢某一个人。"所表达的意思可能是所有的人都有一个他所喜欢的人，也可能是存在一个人，所有的人都喜欢他，所以这里就有存在量化短语的辖域歧义问题。如果量化短语的辖域歧义问题与汉语中的反身代词回指照应问题复合在一起时，那么情况就会更为复杂。

例 6.1.3　每个喜欢自己的人都有一个人喜欢他。

如例 6.1.3 中所示，"每个喜欢自己的人都有一个人喜欢他。"这句话的意思可以是对每个人而言，如果这个人喜欢自己，那么就存在一个人喜欢他；也可以是存在一个人，对每一个喜欢自己的人，这个人都喜欢他。在第一种理解下，反身代词"自己"的回指是仅在全称量词的辖域中的，在第二种理解下，反身代词"自己"的回指则处于存在量词和全称量词共同的辖域中，所以如何使用 LG 演算解释这一现象就是我们所要处理的问题。

针对上述的两类问题，我们将在 $LG_\varnothing$ 这一系统的基础上，通过下面的一系列规则来对其进行扩充以解决。

首先，为了解决问题 [1]，我们给出下面的这些结构公设：

(1) Dis：$(A \oplus B) \otimes C \rightarrow (A \otimes C) \oplus (B \otimes C)$

(2) | Dis：$(A \oplus A) \otimes (B \otimes A \mid A) \rightarrow (A \oplus A) \otimes [B \otimes (A \otimes A)]$

(3) Con_l：$A \otimes B \rightarrow A$

(4) Con_r：$A \otimes B \rightarrow B$

利用这些结构公设，就可以处理例 6.1.1 和例 6.1.2 中那样的语句。具体的推导过程如下：

例 6.1.1 的推导

$$\frac{\text{张三或李四}}{\underset{NP \oplus NP}{\downarrow}} \quad \frac{\text{崇拜}}{\underset{(NP \backslash S)/NP}{\downarrow}} \quad \frac{\text{他自己}}{\underset{NP \mid NP}{\downarrow}}$$

$$\frac{(NP \oplus NP) \otimes (NP \backslash S)/NP \otimes NP \mid NP}{[NP \otimes (NP \backslash S)/NP \otimes NP \mid NP] \oplus [NP \otimes (NP \backslash S)/NP \otimes NP \mid NP]} \text{Dis}$$

$$\frac{}{[NP \otimes (NP \backslash S)/NP \otimes NP] \oplus [NP \otimes (NP \backslash S)/NP \otimes NP]} \text{LLC 中公理}$$

$$\frac{}{S \oplus S} \text{LLC 中推导规则}$$

$$\frac{}{S} Con_l \text{或} Con_r$$

例 6.1.2 的推导

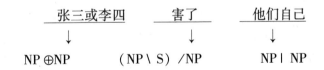

张三或李四　　害了　　他们自己

$$\downarrow \qquad\qquad \downarrow \qquad\qquad \downarrow$$

$$NP\oplus NP \qquad (NP\backslash S)/NP \qquad NP\mid NP$$

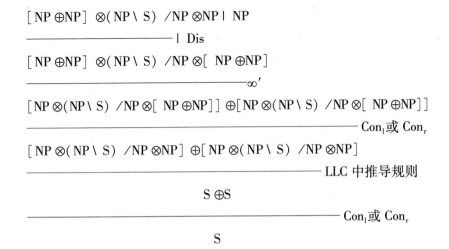

$$[NP\oplus NP]\otimes(NP\backslash S)/NP\otimes NP\mid NP$$
$$\overline{\qquad\qquad\qquad\qquad\qquad\qquad}\mid Dis$$
$$[NP\oplus NP]\otimes(NP\backslash S)/NP\otimes[NP\oplus NP]$$
$$\overline{\qquad\qquad\qquad\qquad\qquad\qquad\qquad}\infty'$$
$$[NP\otimes(NP\backslash S)/NP\otimes[NP\oplus NP]]\oplus[NP\otimes(NP\backslash S)/NP\otimes[NP\oplus NP]]$$
$$\overline{\qquad\qquad\qquad\qquad\qquad\qquad\qquad\qquad\qquad}Con_l \text{或} Con_r$$
$$[NP\otimes(NP\backslash S)/NP\otimes NP]\oplus[NP\otimes(NP\backslash S)/NP\otimes NP]$$
$$\overline{\qquad\qquad\qquad\qquad\qquad\qquad\qquad\qquad}LLC \text{中推导规则}$$
$$S\oplus S$$
$$\overline{\qquad\qquad\qquad\qquad\qquad\qquad}Con_l \text{或} Con_r$$
$$S$$

其次，对于问题 [2]，莫特盖特（M. Moortgat，2009、2010）等文章中都讨论了不同的处理方法，例 6.1.3 中的语句也可使用其所构建的处理方式加以解决。具体的处理方式以及例 6.1.3 的推导过程我们将在本章的最后，即第 6.3 小节中给出。

6.2　对称范畴系统 LG$_{dis}$ 的公理表示

本小节中，我们首先给出对称范畴系统 LG$_{dis}$ 的句法和语义，最后是这一系统的元定理证明。

定义 6.2.1（LG$_{dis}$ 的公式 F）

F = A，F \ F，F/F，F $\otimes$ F，F $\oplus$ F，F $\oslash$ F，F $\odot$ F，F $\mid$ F

其中，A $\in$ {n, np, s}。本章中，我们使用小写的英文字母表示原子公式，而大写的英文字母则表示范畴。

定义 6.2.2（LG$_{dis}$ 的公理表示）在（Bi）LLC 的基础上，增加如下的公理、结构公设和推导规则：

公理　　　（id）A→A

结构公设：（Dis）（A⊕B）⊗C→（A⊗C）⊕（B⊗C）

（∣Dis）（A⊕A）⊗（B⊗A∣A）→（A⊕A）⊗[B⊗（A⊕A）]

（Con₁）A⊗B→A

（Conᵣ）A⊗B→B

推导规则：（trans）从 A→B 和 B→C 可得 A→C

（rp）A→C/B 当且仅当 A⊗B→C 当且仅当 B→A\C

（drp）B◐C→A 当且仅当 C→B⊕A 当且仅当 C⊘A→B

定义 6.2.3（LG_dis 的框架 F_LG dis）LG_dis 的框架 F_LG dis = ⟨W，R_⊕，R_⊗，S₁，~⟩要满足如下的四个条件：

[1] W 是由语言符号串构成的集合

[2] R_⊗ 和 R_⊕ 是 W 上的不同的三元关系且满足结合性

[3] S₁ 是 W 上的三元关系

[4] ~是 W 上的二元关系

定义 6.2.4（LG_dis 的模型 M_LG dis）一个三元组⟨F_LG dis，f，g⟩是 LG_dis 的模型 M_LG dis 当且仅当下面的条件被满足：

[1] F_LG dis 是 LG_dis 框架

[2] f 是一个从原子公式到 W 子集的函数

[3] g 是一个公式到 W 的函数

定义 6.2.5（LG_dis 模型 M_LG dis 上的解释）在模型 M_LG dis 上，解释‖·‖可被递归定义如下::

[1] $\|A\|_{M\,LG\,dis} = f(A)$ 当且仅当 $A \in \{n, np, s\}$

[2] $\|A \otimes B\|_{M\,LG\,dis} = \{x \mid \exists y \exists z\,(y \in \|A\|_{M\,LG\,dis} \wedge z \in \|B\|_{M\,LG\,dis} \wedge R_\otimes xyz)\}$

[3] $\|A \backslash B\|_{M\,LG\,dis} = \{x \mid \forall y \forall z\,(y \in \|A\|_{M\,LG\,dis} \wedge R_\otimes zyx \rightarrow z \in \|B\|_{M\,LG\,dis})\}$

[4] $\|A/B\|_{M\,LG\,dis} = \{x \mid \forall y \forall z\,(y \in \|B\|_{M\,LG\,dis} \wedge R_\otimes zxy \rightarrow z \in \|A\|_{M\,LG\,dis})\}$

[5] $\|A \oplus B\|_{M\,LG\,dis} = \{x \mid \forall y \forall z\,(R_\oplus xyz \rightarrow y \in \|A\|_{M\,LG\,dis} \vee z \in \|B\|_{M\,LG\,dis})\}$

[6] $\|A \oslash B\|_{M\,LG\,dis} = \{x \mid \exists y \exists z\,(y \in \|A\|_{M\,LG\,dis} \wedge R_\oplus yxz \wedge z \notin \|B$

$\parallel$ $_{MLG\,dis}$)}

[7] $\parallel A \oslash B \parallel$ $_{MLG\,dis}$ = {x | $\exists$y $\exists$z (y $\in$ $\parallel$ A $\parallel$ $_{MLG\,dis}$ $\wedge$ R$_{\oplus}$zyx $\wedge$z $\in$ $\parallel$ B $\parallel$ $_{MLG\,dis}$)}

[8] $\parallel A \mid B \parallel$ $_{MLG\,dis}$ = {x | $\exists$y (y $\in$ $\parallel$ A $\parallel$ $_{MLG\,dis}$ $\wedge$S$_1$ xyg (B))}

定义 6.2.6 (框架 F$_{LG\,dis}$ 上的限制) 对于 LG$_{dis}$ 的框架 F$_{LG\,dis}$ (= $\langle$W, R$_{\oplus}$, R$_{\otimes}$, S$_1$, ~$\rangle$) 以及 W 中任意的 x, y, z, m, n, p, q 而言, 其要满足下面的限制条件:

[1] R$_{\otimes}$xyz $\wedge$R$_{\oplus}$ymn$\rightarrow$$\exists$u $\exists$v (R$_{\oplus}$xuv $\wedge$R$_{\otimes}$umz $\wedge$R$_{\otimes}$vnz)

[2] R$_{\otimes}$xyz $\wedge$R$_{\oplus}$ymm $\wedge$R$_{\otimes}$zpq $\wedge$S$_1$ qmm $\rightarrow$ $\exists$u $\exists$v (R$_{\otimes}$xyu $\wedge$R$_{\oplus}$ymm $\wedge$ R$_{\otimes}$upv $\wedge$R$_{\otimes}$vmm)

[3] R$_{\otimes}$xyz$\rightarrow$R$_{\otimes}$xy $\varnothing$

[4] R$_{\otimes}$xyz$\rightarrow$R$_{\otimes}$x $\varnothing$z

定理 6.2.7 (可靠性) 对 LG$_{dis}$ 的任意模型 M$_{LG\,dis}$ 以及 LG$_{dis}$ 中任意的非空公式集 X 和公式 A, $\vDash$ X $\Rightarrow$A, 当且仅当 $\parallel$ X $\parallel$ $_{MLG\,dis}$ $\subseteq$ $\parallel$ A $\parallel$ $_{MLG\,dis}$ 。

证明: 对 LG$_{dis}$ 中的公理、结构公设和推导规则施归纳。

以结构公设 (Dis) 为例:

(Dis) (A $\oplus$B) $\otimes$C$\rightarrow$ (A $\otimes$C) $\oplus$(B $\otimes$C)

求 $\parallel$ (A $\oplus$B) $\otimes$C $\parallel$ $_{MLG\,dis}$ $\subseteq$ $\parallel$ (A $\otimes$C) $\oplus$(B $\otimes$C) $\parallel$ $_{MLG\,dis}$ 。

假设 x $\in$ $\parallel$ (A $\oplus$B) $\otimes$C $\parallel$ $_{MLG\,dis}$, 则

[1] $\exists$y $\exists$k (R$_{\otimes}$xyk $\wedge$y $\in$ $\parallel$ A $\oplus$B $\parallel$ $_{MLG\,dis}$ $\wedge$k $\in$ $\parallel$ C $\parallel$ $_{MLG\,dis}$) 定义 6.2.5 (ii)

[2] $\exists$y $\exists$k (R$_{\otimes}$xyk $\wedge$k $\in$ $\parallel$ C $\parallel$ $_{MLG\,dis}$ $\wedge$

$\forall$u $\forall$v (R$_{\oplus}$yuv$\rightarrow$u $\in$ $\parallel$ A $\parallel$ $_{MLG\,dis}$ $\vee$v $\in$ $\parallel$ B $\parallel$ $_{MLG\,dis}$)) 定义 6.2.5 (v)

[3] R$_{\oplus}$xmn 假设

[4] R$_{\oplus}$yuv $\wedge$R$_{\otimes}$muk $\wedge$R$_{\otimes}$nvk [2] + [3] +定义 6.2.6 (i)

[5] u $\in$ $\parallel$ A $\parallel$ $_{MLG\,dis}$ $\vee$v $\in$ $\parallel$ B $\parallel$ $_{MLG\,dis}$ [2] + [4]

[6] (k $\in$ $\parallel$ C $\parallel$ $_{MLG\,dis}$ $\wedge$u $\in$ $\parallel$ A $\parallel$ $_{MLG\,dis}$) $\vee$(k $\in$ $\parallel$ C $\parallel$ $_{MLG\,dis}$ $\wedge$v $\in$ $\parallel$ B $\parallel$ $_{MLG\,dis}$) [2] + [5]

[7] (R$_{\otimes}$muk $\wedge$k $\in$ $\parallel$ C $\parallel$ $_{MLG\,dis}$ $\wedge$u $\in$ $\parallel$ A $\parallel$ $_{MLG\,dis}$) $\vee$

(R$_{\otimes}$nvk $\wedge$k $\in$ $\parallel$ C $\parallel$ $_{MLG\,dis}$ $\wedge$v $\in$ $\parallel$ B $\parallel$ $_{MLG\,dis}$) [4] + [6]

[8] $\forall$m $\forall$n (R$_{\oplus}$xmn$\rightarrow$m $\in$ $\parallel$ A $\otimes$C $\parallel$ $\vee$n $\in$ $\parallel$ B $\otimes$C $\parallel$) [3] – [7]

[9] x $\in$ $\parallel$ (A $\otimes$C) $\oplus$(B $\otimes$C) $\parallel$ $_{MLG\,dis}$ 定义 6.2.5

6.3　语言学中的应用

在本章的第6.1节中，我们可以初步看到LG_{dis}这一系统在解决一些与汉语反身代词回指照应相关的问题上的应用。本节中，我们将注意力集中到与量化短语相关问题上，以体现在辖域歧义的情况下，反身代词回指照应约束受限的不同。

例6.3.1　每个人（都）喜欢某一个人。（Everyone likes someone.）

在例6.3.1中，语句"每个人某喜欢一个人"可以被理解为：

［1］存在一个人，这个人被每一个人喜欢。

［2］对于每一个人而言，都存在一个他喜欢的人。

在LG演算中，我们可以利用不同的推导过程来刻画上述的这两种对例6.3.1的不同理解。

如果将范畴^1（np^1）指派给量化短语，那么如莫特盖特（M. Moortgat, 2010）所示，具体推导过程如下：

理解［1］的推导：

$$
\dfrac{
\dfrac{
\dfrac{
\dfrac{np \vdash \beta : np}{np^{\cdot 1} \vdash np^1} \cdot^1 R
}{
{}^1 \cdot (np^1) \vdash np
} \Rightarrow
\quad s \vdash \alpha : s
}{
\dfrac{np \backslash s \vdash {}^1 \cdot (np^1) \cdot \backslash \cdot s \qquad y : np \vdash np}{
\dfrac{(np \backslash s)/np \vdash ({}^1 \cdot (np^1) \cdot \backslash \cdot s) \cdot / \cdot np}{np \vdash (np \backslash s)/np \cdot \backslash \cdot ({}^1 \cdot (np^1) \cdot \backslash \cdot s)} \Leftarrow
} /L
} \backslash L
}{}
$$

$$
\dagger \quad \dfrac{
\dfrac{
\dfrac{
((np \backslash s)/np \cdot \backslash \cdot ({}^1 \cdot (np^1) \cdot \backslash \cdot s))^{\cdot 1} \vdash np^1
}{
{}^1 (np^1) \vdash (np \backslash s)/np \cdot \backslash \cdot ({}^1 \cdot (np^1) \cdot \backslash \cdot s)
} 1 \cdot L
}{
{}^1 (np^1) \vdash s \cdot / \cdot ((np \backslash s)/np \cdot \otimes \cdot {}^1 (np^1))
} 1 \cdot L
}{
{}^1 (np^1) \cdot \otimes \cdot ((np \backslash s)/np \cdot \otimes \cdot {}^1 (np^1)) \vdash s
} \Leftarrow
$$

与这一推导柯里霍华德对应的词项分别如下：

$$
\begin{array}{lll}
\cdot^{1}R & \lambda k.(k\,\tilde{\beta}) & : \quad \lceil np^{1}\rceil^{\perp\perp} \\
\Rightarrow & \lambda\tilde{\beta}.(\tilde{\gamma}\,\tilde{\beta})=\tilde{\gamma} & : \quad \lceil np^{1}\rceil^{\perp}=\lceil np\rceil^{\perp\perp} \\
\backslash L & \lambda u.(\tilde{\gamma}\,(u\,\tilde{\alpha})) & : \quad \lceil np\backslash s\rceil^{\perp} \\
/L & \lambda u'.(u'\,\lambda u.(\tilde{\gamma}\,(u\,\tilde{\alpha}))\,\tilde{y}) & : \quad \lceil(np\backslash s)/np\rceil^{\perp} \\
\Leftarrow & \lambda\tilde{y}.(\mathrm{tv}\,\lambda u.(\tilde{\gamma}\,(u\,\tilde{\alpha}))\,\tilde{y}) & : \quad \lceil np\rceil^{\perp} \\
\cdot^{1}R & \lambda k.(k\,\lambda\tilde{y}.(\mathrm{tv}\,\lambda u.(\tilde{\gamma}\,(u\,\tilde{\alpha}))\,\tilde{y})) & : \quad \lceil np^{1}\rceil^{\perp\perp} \\
{}^{1}\cdot L & \lambda\tilde{k}.(\tilde{k}\,\lambda\tilde{y}.(\mathrm{tv}\,\lambda u.(\tilde{\gamma}\,(u\,\tilde{\alpha}))\,\tilde{y})) & : \quad \lceil^{1}(np^{1})\rceil^{\perp} \\
{}^{1}\cdot L & \lambda\tilde{\gamma}.(\mathrm{do}\,\lambda\tilde{y}.(\mathrm{tv}\,\lambda u.(\tilde{\gamma}\,(u\,\tilde{\alpha}))\,\tilde{y})) & : \quad \lceil^{1}(np^{1})\rceil^{\perp} \\
\Leftarrow & \lambda\tilde{\alpha}.(\mathrm{do}\,\lambda\tilde{y}.((\mathrm{tv}\,\lambda u.(\mathrm{su}\,(u\,\tilde{\alpha})))\,\tilde{y})) & : \quad \lceil s\rceil^{\perp\perp}
\end{array}
$$

理解 ［2］ 的推导：

$$
\begin{array}{c}
\dfrac{x:np\vdash np \qquad s\vdash\alpha:s}{np\backslash s\vdash np\cdot\backslash\cdot s}\,\backslash L \qquad \dfrac{\vdots}{{}^{1}\cdot(np^{1})\vdash np}\Rightarrow \\[2mm]
\dfrac{}{(np\backslash s)/np\vdash(np\cdot\backslash\cdot s)\cdot/\cdot{}^{1}(np^{1})}\,/L \\[2mm]
\dfrac{}{np\vdash s\cdot/\cdot((np\backslash s)/np\cdot\otimes\cdot{}^{1}(np^{1}))}\Leftarrow \\[2mm]
\ddagger\;\dfrac{}{(s\cdot/\cdot((np\backslash s)/np\cdot\otimes\cdot{}^{1}(np^{1})))^{1}\vdash np^{1}}\cdot^{1}R \\[2mm]
\dfrac{}{{}^{1}(np^{1})\vdash(np\backslash s)/np\cdot\backslash\cdot({}^{1}(np^{1})\cdot\backslash\cdot s)}\,{}^{1}\cdot L \\[2mm]
\dfrac{}{{}^{1}(np^{1})\vdash s\cdot/\cdot((np\backslash s)/np\cdot\otimes\cdot{}^{1}(np^{1}))}\,{}^{1}\cdot L \\[2mm]
\dfrac{}{{}^{1}(np^{1})\cdot\otimes\cdot((np\backslash s)/np\cdot\otimes\cdot{}^{1}(np^{1}))\vdash s}\Leftarrow
\end{array}
$$

与这一推导柯里霍华德对应的词项分别如下：

\L		$\lambda u.(u \; \widetilde{\alpha} \; \widetilde{x})$	: $\ulcorner np \backslash s \urcorner^{\perp}$
/L		$\lambda u'.(\widetilde{\kappa} \; (u' \; \lambda u.(u \; \widetilde{\alpha} \; \widetilde{x})))$	: $\ulcorner (np \backslash s)/np \urcorner^{\perp}$
$\Leftarrow$		$\lambda \widetilde{x}.(\widetilde{\kappa} \; (tv \; \lambda u.(u \; \widetilde{\alpha} \; \widetilde{x})))$	: $\ulcorner np \urcorner^{\perp}$
$\cdot^{1} R$		$\lambda k.(k \; \lambda \widetilde{x}.(\widetilde{\kappa} \; (tv \; \lambda u.(u \; \widetilde{\alpha} \; \widetilde{x}))))$	: $\ulcorner np^{1} \urcorner^{\perp\perp}$
$^{1}\cdot L$		$\lambda \widetilde{\kappa}.(\widetilde{\gamma} \; \lambda \widetilde{x}.(\widetilde{\kappa} \; (tv \; \lambda u.(u \; \widetilde{\alpha} \; \widetilde{x}))))$	: $\ulcorner {}^{1}(np^{1}) \urcorner^{\perp}$
$^{1}\cdot L$		$\lambda \widetilde{\gamma}.(\widetilde{\gamma} \; \lambda \widetilde{x}.(do \; (tv \; \lambda u.(u \; \widetilde{\alpha} \; \widetilde{x}))))$	: $\ulcorner {}^{1}(np^{1}) \urcorner^{\perp}$
$\leftrightharpoons$		$\lambda \widetilde{\alpha}.(su \; \lambda \widetilde{x}.(do \; (tv \; \lambda u.(u \; \widetilde{\alpha} \; \widetilde{x}))))$	: $\ulcorner s \urcorner^{\perp\perp}$

　　具体到对例6.1.3的分析，在第［1］种理解下，全称量词的辖域要在存在量词的辖域之内，在这种情况下，例6.1.3中的语句可被理解为：存在一个人，这个人喜欢每一个喜欢自己的人。这种理解下，反身代词"自己"就处于存在量词和全称量词共同的辖域内。

　　在第［2］种理解下，存在量词的辖域要在全称量词的辖域内，在这种情况下，例6.3.1中的语句可被理解为：对于每一个喜欢自己的人而言，都存在一个人喜欢他。这种理解下，反身代词"自己"就处于全称量词的辖域内，但却不处于存在量词的辖域内，因此，其回指照应全称量词所处的量化短语时，就不受存在量词辖域的限制。

第 7 章　对比与展望

本章中，第 7.1 节是对本书所给出的三种范畴类型逻辑系统的比较和说明；而第 7.2 节则是介绍未来的一些工作。

7.1　不同方案的对比

首先我们列出本书中所涉及的与汉语反身代词回指照应相关的所有问题。

[1] 允许"长距离约束"，即反身代词的先行语突破了管辖语域的限制，因而违背约束原则规定的语言现象。

[2] 主语倾向性，即汉语中反身代词更倾向于选择主语作为其先行语的现象。

[3] "次统领约束"问题，即反身代词先行语不是作为主语出现，而是作为主语构成部分出现的现象。

[4] 语句中不存在约束反身代词的先行语的现象。

[5] 先行语位于反身代词后面的现象。

[6] 语句中存在多个先行语且先行语之间用合取联结词连接的现象。

[7] 反身代词转变为泛指代词的现象。

[8] 语句中存在多个先行语且先行语之间用析取联结词连接的现象。

[9] 与量化表达式相关的语言现象。

[10] 与不连续现象相关的语言现象。

在这些问题中，[1]、[2]、[4] 均可被贾戈尔（G. Jäger，2005）构建的 LLC 系统所解决。贾戈尔所给出的刻画回指照应现象的竖线算子"丨"不但可以与跟反身代词毗连的范畴进行运算，还可以与那些跟反身代词不毗连的范畴进行运算。因为主语倾向性本身也可被视为一种长距离约束，所以这种运算性质就使得 LLC 能够解决长距离约束和主语倾向性的问题。竖线算子不但可以在语句内进行非毗连的运算，还可以进一步突破语句的限制以搜索先行语，因此，即使语句中不存在先行语，竖线算子也可以进一步搜索更前面的语句以找到反身代词的先行语。

在 LLC 系统的基础上，我们构建了系统（Bi）LLC 以处理语言现象 [3] 和 [5]。具体的处理方法是：首先，引入一元算子 [ ] i 以处理先行语的多次使用；其次，将竖线算子区分为向前搜索的竖线算子"⌉"和向后搜索的竖线算子"⌈"以刻画先行语后置的问题。

在对问题 [6] 和 [7] 的处理中，我们引入了多模态范畴类型逻辑 MMLLC 以区分"和"对先行语的拆分和合并作用，并刻画范畴 NP 与 NP | NP 之间的推导关系。

对称范畴语法的引入是为了处理问题 [8]、[9] 和 [10]。通过算子"⊕"刻画析取；通过为语词赋予新的范畴刻画与量化短语相关的辖域歧义问题；通过算子及其对偶算子之间的推导关系刻画不连续现象。

按照我们对范畴类型逻辑的分类，系统 LLC 和（Bi）LLC 属于传统范畴类型逻辑的范围。MMLLC 和 LG_{dis} 则分别是多模态的范畴类型逻辑和对称范畴演算。之所以用三种不同类型的范畴类型逻辑处理与汉语反身代词回指照应相关的问题，主要是由于如下的这些原因：

第一，对称范畴语法丰富的字母表使得其能处理"或"这一语词并能够通过算子与其对偶算子之间的推导关系处理不连续现象或辖域歧义现象。这些特质是多模态的范畴类型逻辑和传统的范畴类型逻辑所不具有的，而具体到对问题 [8]、[9] 和 [10] 的处理上，这一特质又是必不可少的。

第二，多模态的范畴类型逻辑最大的特点就是可以通过加下标的方式对算子进行区别处理。而在对问题 [6] 的处理上，这一特质表现得尤为明显。正是通过对表示毗连运算的算子"$\otimes_j$"和表示合取的算子"$\otimes_i$"进行区分我们才能分析合取对先行语的分割处理这一情况。这种处理方式是多模态的范畴类型逻辑所独有的。否则我们便很难对表示合取的语词进行精细化处理。

第三，传统范畴类型逻辑是在兰贝克演算的基础上增加特定的算子而构成的范畴类型逻辑系统。在系统（Bi）LLC 中，我们就在 LLC 的基础上进一步精细化了其不毗连运算的部分，即使得竖线算子不但能够向前搜索先行语还能向后搜索先行语。这一工作在传统的范畴类型逻辑框架内完成足以。没有必要把这一工作放到多模态的范畴类型逻辑或者对称范畴语法的框架内完成。

7.2　未来的工作

简单来说，汉语中反身代词的回指照应问题较英文等句法严格的语言中的反身代词回指照应问题要更为复杂。所以我们构造的系统不但可以解决汉语中与反身代词回指照应相关的问题，还可以被用于解决英语等其他一些语言中的与反身代词回指照应相关的问题。但是，对于我们来说，本书中的工作还只是一个开始，还有如下的一些工作需要进一步研究。

第一，汉语反身代词的回指照应问题本身就十分复杂，而代词或其他语词的回指照应问题就更为复杂多变，因此，这是一个十分值得我们进行深入研究的语言学领域。

第二，从逻辑与语言学交叉的角度看，处理回指照应问题的系统并不少见，如何在这些工作的基础上给出适合处理汉语反身代词回指照应问题的系统或者如何对这些系统进行整合以便于取长补短的问题都值得进一步研究。

第三，从逻辑的角度看，我们对多模态的范畴类型逻辑，特别是对称范畴语法的研究较少，还有很多逻辑上的问题值得进一步研究，具体来说，主要有如下的这些：

多模态的范畴类型逻辑
第一，结合子结构逻辑的内容探索更多加标算子之间的沟通规则或推导方式的问题。

第二，如何将不同的沟通规则实际地应用到具体语言现象分析中去的问题。

对称范畴语法
第一，给出一个更为系统性的方法以证明对称范畴语法不同系统中的完全性定理以及复杂性定理等元定理的证明方式。

第二，扩充拉姆达演算以使用对称范畴语法丰富的字母表和复杂的推导规则。

第三，对称范畴语法较其他两类范畴类型逻辑而言出现的要更晚，发展也没有那么完善。特别是在语言学的应用上，一段时间以来一直局限在与量化短语相关的辖域歧义问题的处理上。所以，如何拓宽对称范畴语法的应用就是一个值得研究的问题。

第8章 其他逻辑分支对语言学问题的处理

本章中，第8.1节将介绍一阶逻辑以及模态逻辑对连动结构的刻画；而8.2节则介绍STIT逻辑对以言行事行为以及合作原则的刻画。

8.1 一阶逻辑及模态逻辑对语言学问题的处理

8.1.1 一阶逻辑对连动结构的刻画

现今逻辑学家对汉语连动结构的研究一般是在新戴维森分析法（Neo-Davidsonian Analysis）的基础上利用一阶逻辑的刻画方法进行的。下面要介绍的李可胜所提出的理论也是遵循这一研究进路展开的。①

随着事件语义学在汉语连动结构研究中的应用，我们能够更清晰地刻画连动结构的语义解释，这方面的研究成果可参见李可胜的相关论文。但在详细介绍这一研究成果之前，作为背景知识，我们首先要引入语言学界对动词有界与否的区分。所谓有界动词是指其意义中含有内在终止点的动词，如"坐下"、"到医院"等，而无界动词则是指其意义中不含内在终止点的动词，如"跑步"、"吃饭"等。依据对动词的这一区分，可将包含两个动词的连动结构的内在结构分为如下的四种类型：

　　［1］有界②＋有界，如"穿上衣服跳下床"

　　［2］有界＋无界，如"蹲下去聊天"

　　［3］无界＋有界，如"跑步崴了脚"

　　［4］无界＋无界，如"走路聊天"、"骑车跑步"

---

　　① 李可胜：《事件的模型与计算：连动式的形式语义学研究》，中国社会科学院研究生院博士学位论文，2010年。

　　② 在不引起歧义的情况下，有界动词/无界动词将被简写为有界/无界。

在 [1] 中，构成连动结构的动词"穿上衣服"和"跳下床"都是有界动词；[2] 和 [3] 中的连动结构则都是由一个有界动词和一个无界动词组合构成的；而在 [4] 中，构成连动结构的动词则都是无界动词。

有界动词与无界动词的这种不同组合就导致了连动结构在句法结构上的差异性。如类型 [1] 这样的连动结构的句法结构应为：[vp [xp 穿上衣服] [vp 跳下床]]，而类型 [3] 这样的连动结构的句法则为：[vp 跑步 [cp 崴了脚]]。

对于这种差别，李可胜为其分别匹配了不同的形式刻画方法以及语义解释，如表 8.1.1 所示：

表 8.1.1

连动结构类型	形式句法刻画	语义解释
有界 + 有界/有界 + 无界	$\exists e \exists e'[VP_1(e) \wedge VP_2(e') \wedge Suc(e) = e']$	$\{<x, x'> \mid V(x) \in V(VP_1) \wedge V(x') \in V(VP_2)$ $\wedge x$ 与 x' 之间具有时间上的毗连关系$\}$
无界 + 有界	$\exists e[VP_1(e) \wedge VP_2(e)]$	$\{<x> \mid V(x) \in V(VP_1) \cap V(VP_2)\}$
无界 + 无界	$\exists e[VP_1(e) \vee VP_2(e)] / \exists e[VP_1(e) \wedge VP_2(e)]$	$\{<x> \mid V(x) \in V(VP_1) \cup V(VP_2)\} / \{<x> \mid V(x) \in V(VP_1) \cap V(VP_2)\}$

这一研究工作虽然在区分动词有界与否的基础上初步给出了汉语连动结构的形式刻画方式以及语义解释，但其中尚存在如下的一些问题：

[1] 对连动结构中动词之间的时序性刻画不明显。

按照戴浩一的时序原则，连动结构中动词之间的时序和语序是具有一定的对应关系的，这一点并未在上述工作中完整体现出来。只有在有界 + 有界以及有界 + 无界的连动结构的语义解释中提到了所谓时间上的毗连关系，但也没有能够给出毗连关系一个精确的、形式化的说明。

[2] 并未精确给出刻画连动结构的逻辑语言和逻辑系统。

上述工作尚缺少精准的逻辑基础，其并未规定谈论连动结构形式句法的形式语言，也未给出逻辑系统。而这就导致了我们很难在其基础上作进一步的逻辑上的扩展或修正。

因此，我们将给出一个多体谓词逻辑系统 SVC 以进一步细化甚至修正已有的研究成果。

定义 8.1.1.1（L_{SVC}）谓词逻辑系统 SVC 的语言 L_{SVC} 包含下面这些符号：

[1] 个体变项：事件变项：e_1，e_2，e_3，…

　　　　　　行动者变项：x_1，x_2，x_3，…

[2] 个体常项：事件常项：c_1，c_2，c_3，…

　　　　　　行动者常项：a_1，a_2，a_3，…

[3] 谓词符：一元谓词符：RB①

二元谓词符：VP_1，VP_2，VP_3，…

[4] 联结词：¬，∧，∨，→，↔

[5] 量词：∀，∃

[6] 事件词项②的二元关系符：≡

[7] 二元关系符：$R_<$，$R_⊂$，$R_=$，$R_η$

[8] 辅助符号：（，）

由定义 8.1.1.1 可知，多体谓词逻辑系统 SVC 与经典（一阶）谓词逻辑系统最重要的区别就在于其语言 L_{SVC} 中的变项集和常项集分别包含事件变项、行动者变项以及事件常项、行动者常项这两类。

定义 8.1.1.2（系统 SVC 中的项和公式）

语言 L_{SVC} 中任意的个体变项和个体常项都是系统 SVC 中的项。

若 t_1、t_2 为 SVC 中的事件词项，那么 $t_1 ≡ t_2$ 为 SVC 中的公式。

若 t_1 为 SVC 中的事件变项或常项、t_2 为 SVC 中的行动者变项或常项，那么 RB（t_1）、VP_n（t_1，t_2）（$n ≥ 1$）为 SVC 中的公式。

若 t_1、t_2 为 SVC 中的事件变项或常项，那么 $R_< t_1 t_2$、$R_⊂ t_1 t_2$、$R_= t_1 t_2$、$R_η t_1 t_2$ 为 SVC 中的公式。

若 e_1 为 SVC 中的个体变项，φ、ψ 为 SVC 中的公式，那么 ¬φ、φ∧ψ、φ∨ψ、φ→ψ、φ↔ψ、∃e_1φ、∀e_1φ 为 SVC 中的公式。

定义 8.1.1.3（系统 SVC 中的公理和推导规则）除将涉及个体变项的部分全部替换成语言 L_{SVC} 中的个体变项外，系统 SVC 中的公理和推导

---

① RB 是 Right Bounded 的简写。

② 此处的事件词项包含事件变项和事件常项，个体词项则包括个体变项和个体常项。

规则与经典谓词逻辑相同。

在给出系统 SVC 语言、句法构造以及公理和推导规则的基础上，下面我们将给出该系统的语义部分。

定义 8.1.1.4（结构 T）结构 T 是一个三元组 $\langle T, <, \subset \rangle$，其中 T 是由时间段所构成非空集合，如果令 t_1 表示任意的一个时间段，那么 $t_1 \in T$。 $<$ 是集合 T 上的早于关系；$\subset$ 是集合 T 上的真子集关系。如果令 α、β 表示任意的时间点，t_1、t_2 表示 T 中的任意时间段，那么 $t_1 < t_2$ 当且仅当 $\forall \alpha \forall \beta$（$\alpha \in t_1 \wedge \beta \in t_2 \rightarrow \alpha < \beta$）；$t_1 \subset t_2$ 当且仅当 $\forall \alpha$（$\alpha \in t_1 \rightarrow \alpha \in t_2$）$\wedge \exists \beta$（$\beta \in t_2 \wedge \beta \notin t_1$）。

在结构 T 上，我们还可以进一步给出早于或等于关系 $\leq$ 以及子集关系 $\subseteq$ 的定义如下：

对于集合 T 中的任意两个元素 t_1、t_2 而言，$t_1 \leq t_2 =_{\text{def}} (t_1 < t_2) \vee (t_1 = t_2)$，$t_1 \subseteq t_2 =_{\text{def}} (t_1 \subset t_2) \vee (t_1 = t_2)$。

另外，为了刻画有界动词与无界动词之间的区别，我们规定，集合 T 可被划分为两个子集，一个子集中包含的时间段都是右有界的（$\exists m_1$（$m_1 \in t_n \wedge \forall m_2$（$m_2 \in t_n \rightarrow m_2 < m_1$）））, 这一子集可被简记为 RBS，而另一个子集中包含的时间段都是右无界的，这一子集可被简记为 RUBS。集合 T 中的任意时间段 t_n 或者是属于 RBS 的或者是属于 RUBS 的，但不能同时两者。

定义 8.1.1.5（模型 M）模型 M 是一个六元组 $\langle D, T, <, \subset, \gamma, I \rangle$，其中 D 是非空的论域集，该论域集仅由两个不相交的子集构成，即包含事件对象的 D_{event} 和包含行动者对象的 D_{agent}；T 是非空的时间段集合；$<$、$\subset$ 分别是 T 上的早于关系和真子集关系；γ 是从 D 到 T 的映射；而对于 SVC 中的任一事件常项 c_n（$n \geq 1$）、行动者常项 a_n（$n \geq 1$）或任一二元关系 R_ζ（ζ 为 $<$ 或 $\subset$ 或 $=$ 或 η），I 则将其分别映射到 D_{event} 中的某一事件、D_{agent} 中某一行动者或者 T 上的某一二元关系上去。

定义 8.1.1.6（指派 g）模型 M 上的指派 g 是一个满足下面两个要求的映射：

［1］对于任意个体事件变项 e_n（$n \geq 1$），$g(e_n) \in D_{\text{event}}$；

［2］对于任意个体行动者变项 x_n（$n \geq 1$），$g(x_n) \in D_{\text{agent}}$。

定义 8.1.1.7（赋值）语言 L_{svc} 下，在模型 M 和指派 g 上的一个赋值 V 可被递归定义如下：

［1］$V_{M, g}(t) = g(t)$，如果 t 为一变项；

［2］$V_{M, g}(t) = I(t)$，如果 t 为一常项；

　　[3] $V_{M, g}$（RB（t_1））＝1，当且仅当 $\gamma(V_{M, g}$（e_1））∈RBS；

　　[4] $V_{M, g}$（VP_n（t_1，t_2））＝1，当且仅当〈$V_{M, g}$（t_1），$V_{M, g}$（t_2）〉∈ $V_{M, g}$（VP_n）（n≥1）；

　　[5] $V_{M, g}$（$t_1{\equiv}t_2$）＝1，当且仅当 $V_{M, g}$（t_1）＝ $V_{M, g}$（t_2）；

　　[6] $V_{M, g}$（¬φ）＝1，当且仅当 $V_{M, g}$（φ）＝0；

　　[7] $V_{M, g}$（φ∧ψ）＝1，当且仅当 $V_{M, g}$（φ）＝1 且 $V_{M, g}$（ψ）＝1；

　　[8] $V_{M, g}$（φ∨ψ）＝1，当且仅当 $V_{M, g}$（φ）＝1 或 $V_{M, g}$（ψ）＝1；

　　[9] $V_{M, g}$（φ→ψ）＝1，当且仅当 $V_{M, g}$（φ）＝0 或 $V_{M, g}$（ψ）＝1；

　　[10] $V_{M, g}$（φ↔ψ）＝1，当且仅当 $V_{M, g}$（φ）＝ $V_{M, g}$（ψ）；

　　[11] $V_{M, g}$（$\forall e_1\varphi$）＝1，当且仅当对于所有属于 D_{event} 的元素 d，$V_{M, g[e1, d]}$（φ）＝1；

　　[12] $V_{M, g}$（$\exists e_1\varphi$）＝1，当且仅当至少存在一个属于 D_{event} 的元素 d 使得 $V_{M, g[e1, d]}$（φ）＝1；

　　[13] $V_{M, g}$（$R_< e_1 e_2$）＝1，当且仅当 $\gamma(V_{M, g}$（e_1））<$\gamma(V_{M, g}$（e_2））；

　　[14] $V_{M, g}$（$R_\subset e_1 e_2$）＝1，当且仅当 $\gamma(V_{M, g}$（e_1））⊂$\gamma(V_{M, g}$（e_2））；

　　[15] $V_{M, g}$（$R_= e_1 e_2$）＝1，当且仅当 $\gamma(V_{M, g}$（e_1））＝$\gamma(V_{M, g}$（e_2））；

　　[16] $V_{M, g}$（$R_\eta e_1 e_2$）＝1，当且仅当 $\gamma(V_{M, g}$（e_1））<$\gamma(V_{M, g}$（e_2））且¬$\exists t_n$（$t_n{\in}T \wedge\gamma(V_{M, g}$（$e_1$））<$t_n{\wedge}t_n$<$\gamma(V_{M, g}$（$e_2$）））。

　　定义 8.1.1.8（可满足）对于系统 SVC 中的任意公式φ，其在模型 M 上是可满足的，当且仅当存在某一赋值 V 使得 V（φ）＝1；而对于系统 SVC 中的任意公式集Γ，其在模型 M 上是可满足的，则当且仅当存在某一赋值 V 使得$\forall\varphi$(φ∈Γ→ V（φ）＝1)。

　　定义 8.1.1.9（有效）对于系统 SVC 中的任意公式φ，其在模型 M 上是有效的，当且仅当对于任意赋值 V 而言，都有 V（φ）＝1。

　　定理 8.1.1.10（可靠性）对于任意语言L_{svc}中的公式φ，如果$\vdash_{svc}\varphi$，那么$\vDash_{svc}\varphi$。

　　证明：同经典逻辑的证明方法，即先证明公理具有有效性，然后证明系统中的推导规则保持有效性即可。

　　定理 8.1.1.11（完全性）对于任意语言L_{svc}中的公式φ，如果$\vDash_{svc}\varphi$，那么$\vdash_{svc}\varphi$。

　　证明：同经典逻辑的证明方法。

在给出一阶谓词逻辑系统 SVC 的基础上，下面我们将根据李可胜的相关研究，详细分析汉语连动结构的四种类型。

首先，四种连动结构类型的形式刻画方法分别如下：

有界 + 有界：$\exists x_1 \exists e_1 \exists e_2 [VP_1 (e_1, x_1) \wedge RB (e_1) \wedge VP_2 (e_2, x_1) \wedge RB (e_2) \wedge R_\eta e_1 e_2]$

有界 + 无界：$\exists x_1 \exists e_1 \exists e_2 [VP_1 (e_1, x_1) \wedge RB (e_1) \wedge VP_2 (e_2, x_1) \wedge \neg RB (e_2) \wedge R_< e_1 e_2]$

无界 + 有界：$\exists x_1 \exists e_1 \exists e_2 [VP_1 (e_1, x_1) \wedge \neg RB (e_1) \wedge VP_2 (e_2, x_1) \wedge RB (e_2) \wedge R_\subset e_2 e_1]$

无界 + 无界：(i) $\exists x_1 \exists e_1 [(VP_1 (e_1, x_1) \wedge \neg RB (e_1)) \vee (VP_2 (e_1, x_1) \wedge \neg RB (e_1))]$

(ii) $\exists x_1 \exists e_1 \exists e_2 [VP_1 (e_1, x_1) \wedge \neg RB (e_1) \wedge VP_2 (e_2, x_1) \wedge \neg RB (e_2) \wedge R_= e_1 e_2]$

对于有界 + 有界这种类型的连动结构，我们所做的修改是将没有被精确定义出的二元毗连关系 Suc 替换成二元关系 R_η，以刻画事件发生时间之间的那种前后相继又无间隔的二元关系。

而对于有界 + 无界类型的连动结构，我们则将两个事件之间的时间关系表示为 $R_<$，以刻画两事件之间在时间上的先后关系。

对于无界 + 有界类型的连动结构，我们将量化表达式中的个体事件变项由一个变为了两个。之所以做这样的修改是因为如下的两个原因：

第一，为了强调这一结构中出现的事件是两个而非一个。例如在"跑步崴了脚"这一无界 + 有界类型的连动结构中，事件"跑步"和"崴了脚"并不是同一个事件，这两个事件只是在发生时间上有包含关系（崴了脚这件事是在跑步这件事发生的过程中出现的），但却并不能因此就将两者视为一个事件，"跑步"和"崴了脚"仍是两个具有相对独立性的个体事件。

第二，为了刻画两个事件发生时间之间的包含关系。如上文所述，崴了脚这件事所出现的时间段是包含在跑步这件事所出现的时间段中的。

因此，我们将量化表达式中的个体变项变为两个，并添加了表示事件发生时间之间包含关系的 $R_\subset e_2 e_1$ 这一合取支。

对于无界 + 无界类型的连动结构的形式句法刻画，在区分其中的两个子类型——只有一个事件发生和两个事件同时发生——的基础上，我们保留了第一种子类型的形式刻画，而将第二种子类型的形式句法刻画修改为 $\exists e_1 \exists e_2 [VP_1 (e_1) \wedge VP_2 (e_2) \wedge R_= e_1 e_2]$ 这一形式，以刻画连动结构中出现的两个事件以及这两个事件在发生时间上的相同关系。

其次，对于四种连动结构类型的语义解释，我们可通过如下的定义给出。

定义 8.1.1.12（四种连动结构的语义解释）在赋值 $V_{M, g}$ 下，四类连动结构类型的形式句法刻画为真，当且仅当其分别满足下面的条件：

[1] 有界 + 有界：

$V_{M, g} (\exists x_1 \exists e_1 \exists e_2 [VP_1 (e_1, x_1) \wedge VP_2 (e_2, x_1) \wedge R_\eta e_1 e_2] = 1$，当且仅当存在一个 D_{agent} 中的元素 d'' 且至少存在两个属于 D_{event} 的不同元素 d 和 d' 使得 $V_{M, g[x1, d''][e1, d]} (VP_1 (e_1, x_1)) = 1$ 且 $V_{M, g} (RB (e_1)) = 1$ 且 $V_{M, g[x1, d''][e2, d']} (VP_1 (e_2, x_1)) = 1$ 且 $V_{M, g} (RB (e_2)) = 1$ 且 $V_{M, g[e1, d][e2, d']} (R_\eta e_1 e_2) = 1$。

[2] 有界 + 无界：

$V_{M, g} (\exists x_1 \exists e_1 \exists e_2 [VP_1 (e_1, x_1) \wedge VP_2 (e_2, x_1) \wedge R_< e_1 e_2]) = 1$，当且仅当存在一个 D_{agent} 中的元素 d'' 且至少存在两个属于 D_{event} 的不同元素 d 和 d' 使得 $V_{M, g[x1, d''][e1, d]} (VP_1 (e_1, x_1)) = 1$ 且 $V_{M, g} (RB (e_1)) = 1$ 且 $V_{M, g[x1, d''][e2, d']} (VP_1 (e_2, x_1)) = 1$ 且 $V_{M, g} (RB (e_2)) = 0$ 且 $V_{M, g[e1, d][e2, d']} (R_< e_1 e_2) = 1$。

[3] 无界 + 有界：

$V_{M, g} (\exists x_1 \exists e_1 \exists e_2 [VP_1 (e_1, x_1) \wedge VP_2 (e_2, x_1) \wedge R_\subset e_2 e_1]) = 1$，当且仅当存在一个 D_{agent} 中的元素 d'' 且至少存在两个属于 D_{event} 的不同元素 d 和 d' 使得 $V_{M, g[x1, d''][e1, d]} (VP_1 (e_1, x_1)) = 1$ 且 $V_{M, g} (RB (e_1)) = 0$ 且 $V_{M, g[x1, d''][e2, d']} (VP_1 (e_2, x_1)) = 1$ 且 $V_{M, g} (RB (e_2)) = 1$ 且 $V_{M, g[e1, d][e2, d']} (R_\subset e_1 e_2) = 1$。

[4] 无界 + 无界：

(i) $V_{M, g} (\exists x_1 \exists e_1 [VP_1 (e_1, x_1) \vee VP_2 (e_1, x_1)]) = 1$，当且仅当存在一个 D_{agent} 中的元素 d'' 且至少存在一个属于 D_{event} 的元素 d，使得 $V_{M, g[x1, d''][e1, d]} (VP_1 (e_1, x_1)) = 1$ 且 $V_{M, g} (RB (e_1)) = 0$，或者 $V_{M, g[x1, d''][e2, d]} (VP_1 (e_2, x_1)) = 1$ 且 $V_{M, g} (RB (e_2)) = 0$。

(ii) $V_{M, g} (\exists x_1 \exists e_1 \exists e_2 [VP_1 (e_1, x_1) \wedge VP_2 (e_2, x_1) \wedge R_= e_1 e_2]) = 1$，当且仅当存在一个 D_{agent} 中的元素 d'' 且至少存在一个属于 D 的元素 d，使得

$V_{M, g[x1, d''][e1, d]}$（VP_1（e_1，x_1））＝1 且 $V_{M, g}$（RB（e_1））＝0 且 $V_{M, g[x1, d''][e2, d']}$（$VP_1$（$e_2$，$x_1$））＝1 且 $V_{M, g}$（RB（e_2））＝0 且 $V_{M, g[e1, d][e2, d']}$（$R_= e_1 e_2$）＝1。

系统 SVC 进一步精确化了已有的刻画汉语连动结构的方法，与之前李可胜的刻画方法相比主要具有如下的两个优势：

第一，借助于系统 SVC 的语形以及语义，对已有工作中的很多直观概念，如毗连关系等进行了形式化地刻画以及更为精确地说明原形式化刻画方案中的很多基本概念。

第二，在对不同类型连动结构的刻画中，体现了事件发生时间段之间的各种关系，如早于关系、包含关系等，这一刻画符合时序原则的要求。

虽然具备这些优势，但是本书所涉及的对汉语不同类型连动结构的逻辑刻画仅是一个很初始的工作，与汉语连动结构相关的很多重要问题都没有涉及（例如如何体现连动结构的因果性、途径—目的性等）。而在本书所做工作的基础上，我们尚有如下的问题没有解决，即连动结构中不同类型性质的刻画问题。

有的连动结构中体现出了因果联系，如"买票上车"，有的连动结构中体现了途径—目的性，如"跑步锻炼身体"，对于这些体现于不同连动结构中的不同性质应如何区分、如何刻画的问题在本书中都未涉及。

因此，在下节中，为了解决上面所提到的这些问题，我们要用到更多多体谓词逻辑以及模态谓词逻辑中的很多知识以帮助我们进一步刻画汉语连动结构中的问题。

8.1.2 模态逻辑对因果型连动结构的刻画

对连动结构（Serial Verb Construction）的经典研究方法一般都恪守"一阶逻辑＋事件语义学"的研究框架。本小节中，我们要做的是以因果型连动结构作为突破口，说明这一研究框架的局限性并尝试将一阶模态逻辑（First Order Modal Logic）的研究方法添加到对连动结构的研究中去。

连动结构是指具有 [$_S$NP [$_{SVC}$ （INFL） VP_1 VP_2 VP_3 ⋯ VP_n]]（n≥1）这种形式的语言结构。而如果要用一阶逻辑刻画连动结构的话，那么要对经典一阶逻辑做如下修改①：

---

① 如上文所言，修改而得的实际上是一个多体谓词逻辑。

［1］在句法刻画上的修改

（i）将一阶逻辑的个体词项限制为事件词项和行动者词项两种，而这两种词项中又分别包括事件常项（可表示为 c_1，c_2，c_3，…）、变项（可表示为 e_1，e_2，e_3，…）以及行动者常项（可表示为 a_1，a_2，a_3，…）、变项（可表示为 x_1，x_2，x_3，…）。

（ii）用 VP_1 VP_2 VP_3…表示联结行动者词项和事件词项的二元谓词。

［2］在语义解释上的修改

（i）如果令二元组⟨D，I⟩为一阶逻辑的模型 M，则首先要将论域 D 限制为行动者论域 D_{agent} 以及事件论域 D_{event} 这两类。其次，对于任一事件常项 c_n（$n \geqslant 1$）、行动者常项 a_n（$n \geqslant 1$），I 将其分别映射到 D_{event} 中的某一事件和 D_{agent} 中某一行动者上去。

（ii）基于模型 M 的指派 g 是一个满足下面两个要求的映射：首先，对于任意个体事件变项 e_n（$n \geqslant 1$），$g(e_n) \in D_{event}$；其次，对于任意个体行动者变项 x_n（$n \geqslant 1$），$g(x_n) \in D_{agent}$。

在此基础上，对于任一连动结构 $[_S NP [_{SVC} (INFL) VP_1 VP_2 VP_3 \cdots VP_n]]$（$n \geqslant 1$），其可被形式化为：$\exists e_1 \cdots \exists e_n \exists x_1 (VP_1 (e_1, x_1) \wedge VP_2 (e_2, x_1) \wedge VP_3 (e_3, x_1) \wedge \cdots \wedge VP_n (e_n, x_1))$（$n \geqslant 1$）这一形式。

在此基础上，使用上文中被修改后的语义就可以给出连动结构适当的语义解释。例如对于"某人穿上衣服跳下床"这一连动结构，其可被表示化为 $\exists e_1 \exists e_2 \exists x_1$（穿上衣服（$e_1$，$x_1$）∧跳下床（$e_2$，$x_1$））这一形式。

而如果令 V 表示被修改后的模型上的赋值，那么 $V_{m,g}$（$\exists e_1 \exists e_2 \exists x_1$（穿上衣服（$e_1$，$x_1$）∧跳下床（$e_2$，$x_1$）））= 1 当且仅当至少存在一个属于论域 D_{agent} 的个体 d_{agent} 以及两个属于论域 D_{event} 的不同个体 d'_{event} 和 d_{event}，使得 $V_{M,g[e1,devent][x1,dagent]}$（穿上衣服（$e_1$，$x_1$））= 1 且 $V_{M,g[e2,d'event][x1,dagent]}$（跳下床（$e_2$，$x_1$））= 1，即⟨$V_{M,g[e1,devent]}$（$e_1$），$V_{M,g[x1,dagent]}$（$x_1$）⟩∈ $V_{M,g[e1,devent][x1,dagent]}$（穿上衣服）且⟨$V_{M,g[e2,d'event]}$（$e_2$），$V_{M,g[x1,dagent]}$（$x_1$）⟩∈$V_{M,g[e2,d'event][x1,dagent]}$（跳下床）。

因此，通过如上的改动，我们就可用多体谓词逻辑给出连动结构的逻辑刻画。但是如果我们要将研究深入一步，即研究不同类型的连动结构时，多体谓词逻辑这一技术手段就明显不够用了。本节中所谈论的因果型连动结构就是这方面的一个例子。

所谓因果型连动结构是指那些事件之间体现因果联系的连动结构，如

"张三跑步锻炼身体"，在这一连动结构中"跑步"与"锻炼身体"之间就具有因果联系。而要刻画这种事件之间的因果联系就要借助于模态逻辑的帮助，以形式化"因果"这种具有模态性质的算子或词汇，而这就已经是一阶模态逻辑所要研究的问题了。因此本书才要突破一阶逻辑＋事件语义学的框架，将因果型连动结构的研究放到一阶模态逻辑的研究领域中去。

如果我们将研究对象限制到仅包含两个动词的连动结构上的话，那么因果型连动结构可被形式化为：$\exists e_1 \exists e_2 \exists x_1 (VP_1 (e_1, x_1) \wedge VP_2 (e_2, x_1) \wedge$ Cause $(VP_1 (e_1, x_1), VP_2 (e_2, x_1)))$[①] 这种形式。其中 Cause 是表示因果联系的二元模态算子，而 Cause $(VP_1 (e_1, x_1), VP_2 (e_2, x_1))$ 说的就是 $VP_1 (e_1, x_1)$ 与 $VP_2 (e_2, x_1)$ 之间具有因果关联性且 $VP_1 (e_1, x_1)$ 为因，$VP_2 (x_1, e_2)$ 为果。例如，对于"某人买票上车"这一因果型的连动结构，我们可将其形式化为：$\exists e_1 \exists e_2 \exists x_1$（买票 (e_1, x_1) ∧上车 (e_2, x_1) ∧Cause（买票 (e_1, x_1)，上车 $(e_2, x_1)))$。

在具体给出刻画因果型连动结构的语法和语义之前，我们首先就因果型连动结构本身的特点来给出一些基本的概念和刻画方法：

首先，因果型连动结构继承了连动结构的时序—语序对应性，即连动结构中事件的排列顺序与事件发生的先后顺序是相对应的。例如在"张三穿上衣服跳下床"这一连动结构中，"穿上衣服"这一事件就发生在"跳下床"这一事件之前。因此，在对因果型连动结构构建语义解释时，我们需要一种时间逻辑的框架作为基本框架以刻画事件之间的这种时序性。

其次，连动结构中的因果联系具有极大的不确定性。例如在"张三买票上车"这一连动结构中，"买票"和"上车"之间固然体现出了因果联系，但是这种因果联系却不是唯一且确定的。这是因为，张三"买票"之后不一定就必然会出现"上车"这一行动，而"上车"这一行动也不一定就是由"买票"导致的，所以严格说来，这里的连动结构"张三买票上车"应该精确表示为"张三买票（之后可能）上车"。而正是由于因果型连动结构中所体现出的这种特性，我们才需要将时间逻辑的框架精细化为分支时间逻辑，以容纳这种不确定性。

---

① 这里所给出的仅是一个初步的形式刻画方案，后文中还会有进一步的改进。

本书中，我们就将在命题的分支时间逻辑（propositional logic of branching times）基础上构建一阶的分支时间逻辑（first order logic of branching times），并在此基础上给出我们所需的语义解释。

最后，对于行动者，我们可将所有的行动者都刻画为事件的集合，即用一个人一生中所经历过的事件定义这一行动者。这一处理方式有利于语义解释的给出，因为这样处理后，我们就不必在框架中给出两种不同的论域了。

下面我们就给出一阶版本的分支时间逻辑以及行动者的刻画方式。

定义 8.1.2.1（一阶的分支时间框架 F_{BT}）一阶的分支时间框架是一个三元组〈Tree，R，D〉，对于该框架中的三个元素我们分别做如下的规定：

［1］Tree 是一个非空的时间点集。

［2］R 是集合 Tree 上的一个二元关系。

对于集合 Tree 中的任意三个时间点 m_1、m_2、m_3，我们给出如下的几个条件：

（i）自返：$m_1 R m_1$

（ii）反对称：如果 $m_1 R m_2$ 且 $m_2 R m_1$，那么 $m_1 = m_2$

（iii）传递：如果 $m_1 R m_2$ 且 $m_2 R m_3$，那么 $m_1 R m_3$

（iv）下不分叉：如果 $m_1 R m_3$ 且 $m_2 R m_3$，那么 $m_1 R m_2$ 或者 $m_2 R m_1$ 或者 $m_1 = m_2$

（v）禁自返：$\neg(m_1 R m_1)$

（vi）禁对称：如果 $m_1 R m_2$，那么 $\neg(m_2 R m_1)$

如果 R 满足条件（i）－（iv），那么 R 就是一个自返、反对称、传递且下不分叉的序，可具体表示为"$\geqslant$"；如果 R 满足条件（iii）－（vi），那么 R 就是一个禁自返、禁对称、传递且下不分叉的序，可具体表示为"$<$"。

［3］D 是该框架上的论域集且该集合是由事件构成的。[①]

定义 8.1.2.2（历史）一个时间点集合 h 称为集合 Tree 上的一支历史，当且仅当 h 为 Tree 中的一个极大支，即 h 满足下面的三个条件：

---

① 这里给出的是一个常论域的框架，下文中所涉及的其他框架或模型也都是常论域的框架或模型。

［1］ h 中任意两个时间点间都满足三岐性，即 $\forall m_1 \forall m_2$ （$m_1 \in h \wedge m_2 \in$ h→ $m_1 < m_2 \vee m_1 = m_2 \vee m_2 < m_1$）；

［2］ h ⊂ Tree；

［3］ 不存在集合 g，使得 h ⊂ g ∧ g 是一支历史。

如果 m 是任一时间点，h 是集合 Tree 上的一支历史，那么 m ∈ h（也可记为：m/h）可用来表示历史 h 经过时间点 m，或者时间点 m 出现在了历史 h 的进程上。因为分支时间代表了未来的不确定性，所以某一时间点可能会出现在多于一支的不同历史上，而 H_m = ｛h：m ∈ h｝ 就表示包含时间点 m 的历史的集合。

定义 8.1.2.3（一阶的分支时间模型 M_{BT}）一阶的分支时间模型 M_{BT} 为一个二元组 $< F_{BT}, I >$，其中 F_{BT}（〈Tree，R，D〉）是一个一阶的分支时间框架，而 I 则是一个解释函数，且对于任意时间点 m_n 及框架 F_{BT} 上的论域集 D 而言，该函数满足下面的两个条件：

［1］ 对于语言中的任意常项 c，I 将其映射到 D 中的某一事件上去；

［2］ 对于语言中的任意 n 元关系 R，I 将其映射到（D）^{n} 的某一子集上去。

定义 8.1.2.4（赋值 V）模型 M_{BT} 上一个赋值 V 是一个映射，其将每一个自由变项 e_n 映射到论域集 D 中的一个元素 V（e_n）上去。

定义 8.1.2.5（变体）令 V 和 W 为两个赋值，那么我们说 W 是 V 的 e_n 变体，如果赋值 V 和 W 对所有的变项都给出相同的值，除了对 e_n 可能不同外。

定义 8.1.2.6（模型 M_{BT} 上的赋值）对于模型 M_{BT} 以及参数序列 m/h 而言，赋值 V 可通过如下的方式被扩充为对下面的项（可表示为：t_1，t_2，t_3，…）和公式（可表示为：φ，ψ，…）的赋值。

［1］ M_{BT}，m/h ⊨ t_n 当且仅当 V（t_n）∈ D，如果 t_n 为一事件变项（n ≥ 1）

［2］ M_{BT}，m/h ⊨ t_n 当且仅当 I（t_n）∈ D，如果 t_n 为一事件变项（n ≥ 1）

［3］ M_{BT}，m/h ⊨ VP_n（t_1，t_2）当且仅当〈V（t_1），V（t_2）〉∈ V（VP_n）（n ≥ 1）

［4］ M_{BT}，m/h ⊨ ¬φ 当且仅当 M_{BT}，m/h ⊭ φ

［5］ M_{BT}，m/h ⊨ φ→ψ 当且仅当 M_{BT}，m/h ⊭ φ 或者 M_{BT}，m/h ⊨ ψ

$[6]$ M_{BT}, $m/h \models \forall e_1 \varphi$ 当且仅当对于所有 M_{BT} 中 V 的 e_1 变体 W，$W_{M_{BT}, g, m/h}$ $(\varphi) = 1$

$[7]$ M_{BT}, $m/h \models \exists e_1 \varphi$ 当且仅当存在 M_{BT} 中 V 的 e_1 变体 W，$W_{M_{BT}, g, m/h}$ $(\varphi) = 1$

$[8]$ M_{BT}, $m/h \models F \varphi$ 当且仅当存在时间点 $m' \in h$ 使得 $m < m'$ 且 M_{BT}, $m'/h \models \varphi$

$[9]$ M_{BT}, $m/h \models P \varphi$ 当且仅当存在时间点 $m' \in h$ 使得 $m' < m$ 且 M_{BT}, $m'/h \models \varphi$

$[10]$ M_{BT}, $m/h \models Sett \varphi$ 当且仅当对于所有 h'，如果 $h' \in H_m$，那么 M_{BT}, $m/h' \models \varphi$

$[11]$ M_{BT}, $m/h \models Poss \varphi$ 当且仅当存在 h'，使得 $h' \in H_m$ 且 M_{BT}, $m/h' \models \varphi$

对于行动者的刻画，我们则需引入一个包含所有行动者的集合 A-gents。

定义 8.1.2.7（Agents）集合 Agents 是由行动者构成的非空集，对于该集合中的任一行动者 α 而言，其满足下面的两个条件：

$[1]$ $\alpha \subseteq D$

$[2]$ α 中的元素具有下不分叉性，即 $\forall d \forall d' \forall d'' (d \in \alpha \wedge d' \in \alpha \wedge d'' \in \alpha \rightarrow (d'Rd'' \wedge d Rd'' \rightarrow (d = d' \vee d < d' \vee d' < d)))$

本节中我们将使用表列（tableaus）的方法给出刻画因果型连动结构的一阶谓词模态逻辑系统 S_{SVCC}，我们首先给出系统项和公式的形成规则如下：

项 $::= e$

公式 $::= VP_{n\alpha} e$ $(1 \leqslant n)$ $/\exists e \varphi / \neg \varphi / \varphi \rightarrow \psi / Cause_{\alpha} (\varphi, \psi) / F \varphi / Sett \varphi$

$VP_{n\alpha} e$ 中，下标 α 表示某一行动者。

直观上来说，$Cause_{\alpha} (\varphi, \psi)$ 就表示行动者 α 的行动 φ 与行动 ψ 之间具有因果联系（也可说 φ 为因，而 ψ 为果）。

需要说明的是，由于连动结构中所处理的都是形如 $[_s NP [_{svc} (INFL) VP_1 VP_2 VP_3 \cdots VP_n]]$ 这样的语言结构，因此我们所谈论的因果联系也是单个动词之间的因果联系，不会涉及由逻辑联结词的引入而构成的复杂行动或复杂行动之间的关系。

定义 8.1.2.8（前缀）一个前缀（prefix）是一个正整数的有穷序列。

而一个前缀式则是一个形如σX 的表达式，其中σ是一个前缀，X 是一个系统中的公式。

定义 8.1.2.9（系统 S_{SVCC} 中的表列构造规则）对于任一前缀式σX，其表列构造规则可被规定如下：

[1] 如果前缀式σX 中的公式 X 包含逻辑联结词（如¬、→等），那其规则如下：

$$\sigma X = \sigma\varphi\!\rightarrow\!\psi \qquad \sigma X = \sigma\neg(\varphi\!\rightarrow\!\psi) \qquad \sigma X = \sigma\neg\neg\varphi$$

$\sigma\varphi\!\rightarrow\!\psi$		$\sigma\neg(\varphi\!\rightarrow\!\psi)$	$\sigma\neg\neg\varphi$
$\sigma\neg\varphi$	$\sigma\psi$	$\sigma\varphi$	$\sigma\varphi$
		$\sigma\neg\psi$	

[2] 如果前缀式σX 中的公式 X 包含模态算子（如 F、P、Sett、Poss 等），那其表列构造规则如下：

$$\sigma X = \sigma F\,\varphi \qquad \sigma X = \sigma P\,\varphi \qquad \sigma X = \sigma Sett\,\varphi \qquad \sigma X = \sigma Poss\,\varphi$$

$\sigma F\,\varphi$	$\sigma P\,\varphi$	$\sigma Sett\,\varphi$	$\sigma Poss\,\varphi$
$\sigma\,n\,\varphi$	$\sigma\,\sigma-n\,\varphi(\sigma\!>\!n)$	$\sigma*\,\varphi$	$\sigma*\,\varphi$

其中，在σX = σSett φ的情况下，"σ＊"这一前缀的直观解释就是φ在σ所标记的时间点所属的所有历史上为真；在σX = σPoss φ的情况下，"σ＊"这一前缀则表示φ在σ所标记的时间点所属的有的历史上为真。

[3] 如果前缀式σX 中的公式 X 包含量词（如∃、∀），那其表列构造规则如下：

$$\sigma X = \sigma\forall e\,\varphi(e) \qquad \sigma X = \sigma\neg\exists e\,\varphi(e) \qquad \sigma X = \sigma\neg\forall e\,\varphi(e) \qquad \sigma X = \sigma\exists e\,\varphi(e)$$

$\sigma\forall e\,\varphi(e)$	$\sigma\neg\exists e\,\varphi(e)$	$\sigma\neg\forall e\,\varphi(e)$	$\sigma\exists e\,\varphi(e)$
$\sigma\varphi(p)$	$\sigma\neg\varphi(p)$	$\sigma\neg\varphi(p)$	$\sigma\varphi(p)$

其中 p 为一参数。

[4] 如果前缀式σX 中的公式 X 包含因果算子，那其表列构造规则

如下：

$$\sigma X = \sigma Cause_\alpha(\varphi, \psi)$$

$\sigma Cause_\alpha(\varphi, \psi)$

$\sigma \varphi$

$\sigma * Sett \ \psi$

$\sigma | \ \alpha \varphi$

$\sigma | \ \alpha \psi$

这一构造规则的直观含义有如下的三点：

[ⅰ] 在 σ 所标记的时间点上 φ 为真

[ⅱ] ψ 在 σ 所标记的时间点所属的所有历史上为真

[ⅲ] 在 σ 所标记的时间点的论域上，如果将其论域限制到 α 上，那 φ 和 ψ 依然为真。

这里所给出的表列构造规则说明行动者 α 的行动 φ 与行动 ψ 之间具有因果联系，当且仅当 φ 在当下为真且在 φ 为真的当下 ψ 也会变成确定的而且两个行动都是行动者 α 所执行的。

定义 8.1.2.10（封闭性）一个表列支具有封闭性，如果对于某一公式 X，其既包含 σX 也包含 $\sigma \neg X$。一个不具有封闭性的支就是开放的。而如果一个表列的每一个支都具有封闭性，那么这一表列就是封闭的。

定义 8.1.2.11（表列证明）公式 Z 的一个表列证明就是 $1 \neg Z$ 的一个封闭的表列。

语义解释：

定义 8.1.2.12（框架 F_{ssvcc}）框架 F_{ssvcc} 是一个二元组 $\langle F_{BT}, Agents \rangle$，其中 F_{BT} 是一个一阶的分支时间框架，而 Agents 则是行动者的集合。

定义 8.1.2.13（模型 M_{ssvcc}）模型 M_{ssvcc} 是一个二元组 $\langle F_{ssvcc}, I_{ssvcc} \rangle$，其中 F_{ssvcc} 是一个一阶的分支时间框架；I_{ssvcc} 则是一个解释函数。

定义 8.1.2.14（赋值 V_{ssvcc}）模型 M_{ssvcc} 上一个赋值 V_{ssvcc} 是一个映射，其将每一个自由变项 e 映射到论域集 D 中的一个元素 V（e）上去。该赋值可通过如下规定被扩充到系统中的项和公式上去：

[1] M_{ssvcc}, m/h $\models$ e 当且仅当 V（e）$\in$ D

[2] M_{ssvcc}, m/h $\models VP_{n\alpha}e_n$ 当且仅当 V（e_n）$\in$（VP_n）且 V（e_n）$\in \alpha$（$n \geqslant 1$）

〔3〕M_{SSVCC}，m／h ⊨ $Cause_\alpha$（φ，ψ），当且仅当下面的三个条件被满足：

（i）M_{SSVCC}，m／h ⊨φ

（ii）存在某一时间点 m'，m≤m'且 M_{SSVCC}，m／h ⊨ Sett ψ

（iii）φ∈α∧ψ∈α[①]

定义 8.1.2.15（满足）假定 S 是一个前缀式构成的集合，我们说 S 是在模型 M_{SSVCC} 上可满足的，如果存在一个指派θ，其为每一个出现在集合 S 中的前缀σ都指派模型论域 Tree 中的时间点θ(σ) 且该指派满足下面的条件：

〔1〕如果σ和α n 都是出现在 S 中的前缀，那么θ(σ n) 是一个θ(σ) 可及的时间点，即θ(σ) ≤θ(σ n)

〔2〕如果σ和α σ-n 都是出现在 S 中的前缀，那么θ(α σ-n) 也是一个θ(σ) 可及的时间点，即θ(α σ-n) ≤θ(σ)

〔3〕如果σX 属于 S，那么 X 就在时间点θ(σ) 上为真

〔4〕如果σ∗X 属于 S，那么 X 就在时间点θ(σ) 所属的所有历史上为真

〔5〕如果σ| αX 属于 S，那么θ(σ) ∈α且 X 在时间点θ(σ) 上为真

〔6〕如果 S 中前缀为σ的节点中出现了参数 p，那么 V（p）∈D（θ(σ)）

〔7〕如果σ$Cause_\alpha$（φ，ψ）属于 S，那么下面的三个条件要被满足：

（i）φ在时间点θ(σ) 上为真

（ii）ψ就在时间点θ(σ) 所属的所有历史上为真

（iii）θ(σ) ∈α、φ在时间点θ(σ) 上为真且θ(σ) ∈α、ψ在时间点θ(σ)上为真

我们说一个表列的支是在模型 M_{SSVCC} 上可满足的，如果这一支上的前缀公式构成的集合是在模型 M_{SSVCC} 上可满足的；而一个表列是在模型 M_{SSVCC} 上可满足的，如果它的某一支是可满足的。

引理 8.1.2.16 如果一个表列是封闭的，那么其不可满足。

证明：反证法。假设存在某一既封闭又可满足的表列，则根据封闭的定义就会存在表列的一支，其上存在σX 和σ¬X。根据定义 8.1.2.15 可得 X 和¬X 在可能世界θ(σ) 上都为真，而这是不可能的，因此假设不成立。

---

① 其他公式的赋值规则可比照定义 8.1.2.6 给出。

引理 8.1.2.17　如果定义 8.1.2.9 中的表列构造规则被添加到已被满足的表列上，那么我们得到的仍是一个可满足的表列。

证明：令 A 为一个被满足的表列，一个定义 8.1.2.9 中所示的表列构造规则被添加到 A 上是说，对于 A 中某一支上的公式 X 而言，其被应用了如定义 8.1.2.9 中所示的某一表列构造规则。这一引理可通过使用分情况讨论的方法证得，具体细节可参看 Fitting 和 Mendelsohn 1998 年的专著 *First-order Modal Logic*。

定理 8.1.2.18（表列可靠性）　如果 X 有一个使用了定义 8.1.2.9 中所规定的构造规则的表列证明，那么 X 在框架 F_{ssvcc} 下是有效的。

证明：反证法。这里我们假定 X 有一个使用了定义 8.1.2.9 中所规定的构造规则的表列证明且 X 在框架 F_{ssvcc} 下不是有效的。

因为 X 有一个使用了定义 8.1.2.9 中所规定的构造规则的表列证明，所以存在一个封闭的表列 A 且 A 中的第一步是 $1 \neg X$，不失一般性地，可假定这一步表列构造就构成一个表列 A_0。而表列 A 则是在 A_0 的基础上使用定义 8.1.2.9 中的表列构造规则得到的。因为 X 在框架 F_{ssvcc} 下不是有效的，所以存在框架 F_{ssvcc} 上的某一模型以及这一模型上的某一可能世界 m 使得 X 为假。定义一个映射 θ，使得 θ(1) ＝m，这样 A_0 就是可满足的，按照引理 8.1.2.17 可得，A 也应是可满足的，而且 A 还是封闭的，这一结果与引理 8.1.2.16 矛盾，所以假设不成立。

而为了得出系统的表列完全性定理，我们首先给出表列饱和的定义。

定义 8.1.2.19（表列饱和）　我们说一个表列 K 是饱和的，如果在该表列中再也不能应用定义 8.1.2.9 中所规定的任一构造规则。

定理 8.1.2.20（表列完全性）　如果一个公式 X 在框架 F_{ssvcc} 下是有效的，那么 X 就有一个使用了定义 8.1.2.9 中构造规则的表列证明。

证明：我们可证明该定理的逆否命题，即证明如果 X 没有使用定义 8.1.2.9 中构造规则的表列证明，那么 X 在框架 F_{ssvcc} 下就不是有效的。

假定 X 没有使用定义 8.1.2.9 中构造规则的表列证明，那么从 $1 \neg X$ 开始构造的符合定义 8.1.2.19 要求的 A 列就不是封闭的。令 B 为这一表列中的一个开放的支，则 $1 \neg X$ 就是这一支上的一个节点。又因为如果 $\sigma \neg X$ 出现在开放的 B 上，那么我们就能构造出框架 F_{ssvcc} 上的某一模型 M，使得 M, θ(1) $\models \neg X$，所以 X 在模型 M 以及可能世界 θ(1) 中为假。因为 $1 \neg X$ 为 A 中所有开放支的第一个节点，所以 X 在 A 的所有开放支上都为假，因此 X 在框架 F_{SSVCC} 下就不是有效的。

对于"张三跑步锻炼身体"这样的连动结构，我们可以将其视为因果型连动结构，即"跑步"是因，"锻炼身体"是果。同时，我们也可以将其视为途径—目的型的连动结构，即"跑步"是途径，"锻炼身体"是目的。所以，对于同一连动结构，其既可能得到因果型的解释，也可能得到途径—目的型的解释。而正是由于因果型连动结构与途径—目的型连动结构之间的这种界限不明，才导致了我们在对其进行形式刻画时无从下手的局面。本小节中，作者就将尝试从模态算子转换的角度刻画因果型连动结构与途径—目的型连动结构之间的区别以及联系。

因果和途径—目的都是描述了两个（严格说来是两类）行动之间的联系，如因果描述的是"因行动"与"果行动"之间的关系，而途径—目的描述的是"途径行动"与"目的行动"之间的关系。不失一般性地，我们可将"目的行动"等同于"结果行动"，在此基础上，就可给出一个三元模态算子 O，而如果令 a、b、c 分别表示某一行动，那么 Oabc 就表示因为行动 a，通过行动 b 这一途径，达到了行动 c 这一结果。

例如"张三生病了去医院看病"这一连动结构中，"生病了"就是因行动，"去医院"是途径行动而"看病"则是果行动。这样处理后，我们就能得到一个将因果与途径—目的整合到一起进行处理的方法。而从这一三元模态算子到二元模态算子的不同退化方式就能体现出因果与途径—目的的不同特点：

如果令 O 为我们上文中所描述的三元模态，a、b、c 分别表示因行动、途径行动以及果行动，那么我们可得如下的几种退化方式：

［1］因行动 a 为空（或不存在），那么三元模态算子 Oabc 退化为表示途径—目的关系的二元模态算子 $O_{途径-目的}bc$；

［2］途径行动 b 为空（或不存在），那么三元模态算子 Oabc 退化为表示因果关系的二元模态算子 $O_{因果}ac$；

［3］果行动 c 为空（或不存在），那么三元模态算子 Oabc 退化为表示原因—途径关系的二元模态算子 $O_{原因-途径}ab$。

定义 8.1.2.21（可退化框架 F 和可退化模型 M）可退化框架 F = F_{SSVCC}，而可退化模型 M = M_{SSVCC}。

如果我们令 O $\varphi\psi\theta$ 表示因为 φ，通过 ψ，达到了 θ 这一结果；$O_{途径-目的}$ $\psi\theta$ 表示通过 ψ，达到了 θ 这一结果；$O_{因果}\varphi\theta$ 表示因为 φ，所以 θ；$O_{原因-途径}\varphi$

ψ表示因为φ，做ψ，那么其在模型 M 下的赋值可被规定如下：

定义 8.1.2.22（模型 M 中的赋值）模型 M 下的赋值 V 是一个映射，其将每一个自由变项 e 映射到论域集 D 中的一个元素 V（e）上去。该赋值可通过如下规定被扩充到系统中的项和公式上去：

[1] M，m/h $\models$ e_n，当且仅当 V（e_n）∈D，如果 e_n 为一事件变项（n≥1）

[2] M，m/h $\models$ $VP_{n\alpha}e_n$，当且仅当 V（e_n）∈V（VP_n）且 V（e_n）∈α（n≥1）

[3] M，m/h $\models$ O φψθ，当且仅当下面的四个条件被满足：

(i) M，m/h $\models$φ

(ii) 存在某一时间点 m″，m≤m″且 M，m″/h $\models$ Poss ψ

(iii) 存在某一时间点 m′，m″≤m′且 M，m′/h $\models$ Sett θ

(iv) 存在某一行动者α，φ∈α∧ψ∈α∧θ∈α

[4] M，m/h $\models$ O$_{途径 - 目的}$ψθ，当且仅当下面的三个条件被满足：

(i) M，m/h $\models$ Poss ψ

(ii) 存在某一时间点 m′，m≤m′且 M，m′/h $\models$ Sett θ

(iii) 存在某一行动者α，ψ∈α∧θ∈α

[5] M，m/h $\models$ O$_{因果}$φθ，当且仅当下面的三个条件被满足：

(i) M，m/h $\models$φ

(ii) 存在某一时间点 m′，m≤m′且 M，m′/h $\models$ Sett θ

(iii) 存在某一行动者α，φ∈α∧θ∈α

[6] M，m/h $\models$ O$_{原因 - 途径}$φψ，当且仅当下面的三个条件被满足：

(i) M，m/h $\models$φ

(ii) 存在某一时间点 m″，m≤m″且 M，m″/h $\models$ Poss ψ

(iii) 存在某一行动者α，φ∈α∧ψ∈α

通过上面的语义解释，我们就可以分别得到因果型连动结构以及途径—目的型连动结构的语义，除此之外，也可看出两种连动结构之间的关系和区别。

这一工作仅是一个开始，仍有很多问题等待解决，若要在本节中简要概述的话，则可列出如下的几个：

[1] 就系统本身而言，我们只是简单研究了其可靠性和完全性的问题，还有很多元理论问题本书中并未涉及，而且本书中所给出的系统也不

完善，有待于进一步的补充和修正。

　　［2］这里只是简要概述了因果型连动结构与途径—目的型连动结构之间的区别和联系，但是如何将这种体现区别和联系的公式找出来作为公理、构建公理系统以及证明该系统的元定理等问题还尚未涉及。

8.2　STIT 逻辑对语言学问题的处理

8.2.1　STIT 逻辑对以言行事行为的刻画

　　以言行事行为作为言语行为的构成部分之一，特指那些在说话过程中所完成的行为，而以言行事行为理论的发展则主要经历了如下几个阶段：

　　［1］以言行事行为理论的初创阶段

　　这一阶段的主要工作是由奥斯汀作出的。奥斯汀于 20 世纪三四十年代创立了言语行为理论，其从行动理论的角度研究日常话语，提出"说话就是做事"的基本思想，并初步区分了言语行为的三个不同构成部分，即将言语行为区分为以言表意行为（locutionary act）、以言行事行为（illocutionary act）和以言取效行为（perlocutionary act）三部分。

　　按照奥斯汀的定义，以言表意行为是指如何说话以恰当表意的行为，以言行事行为是指在说话的过程中我们所完成的行为，而以言取效行为则是指那些通过说话来实践的行为，即说话者所说出的话语对听话者、其自身或者其他人所产生的影响或者作用。例如，对于"我许诺今天陪你逛街"这一话语而言，发音以及措辞的行为就是以言表意行为，通过话语而作出的许诺行为就是以言行事行为，而通过说出这句话对听话者产生影响的行为（如让听话者产生期待等）则是以言取效行为。

　　［2］以言行事行为理论的发展及完善阶段

　　塞尔认为以言行事行为由语力（F）（force）① 和命题内容（P）② 两部分构成，通过对语力因素的划分就可以区别不同种类的以言行事行为。

---

　　① 塞尔早期并未给"语力"这一概念作出详细的解释，"语力"这一概念的详细阐述是在塞尔后期以及万德维肯时期才逐渐形成的。但在这里，"语力"所指称的东西实际上就是说话者的意图或者意向。详见 Searle, J. R. *Expression and Meaning*: *Studies in the Theory of Speech Acts.* Cambridge University Press, Cambridge, 1979.

　　② 塞尔早期理论中的命题内容部分是由"p"表示的，以表示被说话者说出的话语。但是塞尔后期开始使用"P"表示命题内容，万德维肯也继承了塞尔后期的这一表达方法，因此，为了文中符号的统一，本书中将统一使用"P"来表示命题内容。

除此之外，塞尔还通过对"许诺"这种以言行事行为的分析，初步说明了构成以言行事行为的充要条件。

但是塞尔的这些分析大多数都是以列举的方式完成的，没有形成具有较强普适性的理论。而以言行事行为理论的形成与完善则是在塞尔后期以及万德维肯（D. Vanderveken）时期完成的。在这一阶段中，以言行事行为理论取得了如下的两个成果：

第一，给出"语力"的准确定义。

通过分析"语力"的不同构成要件，塞尔和万德维肯将"语力"因素分为如下的七个构成部分，即"语力"目的（illocutionary point）、"语力"目的的力度（strength of illocutionary point）、达成方式（mode of a-chievement）、命题内容条件（propositional content conditions）、预备条件（preparatory conditions）、真诚条件（sincerity conditions）、真诚条件的力度（strength of sincerity conditions）。在此基础上，万德维肯将"语力"定义如下，即一个"语力"是由以上七个因素所唯一确定的以言行事行为的构成部分。

第二，区分以言行事行为的成功和被满足。

塞尔和万德维肯认为，作为一种行动，以言行事行为与其他类型的行动一样存在是否被成功履行的问题。例如，如果张三对李四说："我向你许诺，这门考试我会给你满分的。"那么，在张三是这门考试的评分人的条件下，这就是一个被成功作出的以言行事行为。但是，在相反的情况下，这就是一个没有被成功作出的以言行事行为。因此，要判定一个以言行事行为是否被成功作出就要考虑说话者的身份、说话的语境等语用因素，而这些因素是很难用逻辑化的方法加以刻画的。

但是除却是否被成功履行的这一问题外，以言行事行为还面临着是否被满足的问题，即以言行事行为中的命题内容是否会为真的问题。如上例所示，就算张三许诺给李四满分的这个以言行事行为是一个被成功作出的以言行事行为，但是如果张三并未兑现自己的承诺，即并没有在这门考试中给李四满分的话，那这就是一个没有被满足的以言行事行为。正如万德维肯所述，在这个以言行事行为中，说话者是张三，听话者是李四，命题内容是这门考试中张三给李四满分。但是，由于命题内容并未被客观世界中所出现的事态或客观事实所满足，所以这是一个没有被满足的以言行事行为。

　　通过上述简介，我们可以看到以言行事行为理论的发展与言语行为理论的发展具有密不可分的联系。而以言行事行为理论本身则在经历了原始列举、初步总结、理论完善这三步后，形成较独立的研究对象。

　　按照行动理论中的传统观点，所谓主事性就是指行动者和事件之间的二元关系。而不同的主事性理论之间的差别就体现在对这种二元关系的不同理解上。

　　作为一种体现了行动者与事件之间关联性的二元关系，主事性具有如下两个特点：

　　第一，行动者的意向性（intention）因素能够导致主事性因素的出现。因为如果行动者和事件之间会产生这种二元关系的话，那必然是在行动者的意向性因素支配下产生的，即行动者能够依靠自身的意向性因素选择是否创立主事性。

　　第二，主事性的产生不是必然的。因为如果行动者与事件之间具有的这种关系是必然的话，那么无论行动者的行动是否作出都会出现这种关系，这样主事性就不再具有区分行动与事件的功能。

　　鉴于如上的两个特点，有的学者认为主事性就是意向性，还有学者认为主事性体现的就是行动者与事件之间的因果性，但是下文中，通过阐述戴维森（D. Davison）的观点，我将说明这两种观点都是不正确的。

　　戴维森指出：如果可以用意向性来定义主事性的话，那么在意向性和主事性之间应该存在等值蕴涵关系，但是虽然意向性蕴涵主事性，但是反过来却不成立，即主事性并不蕴涵意向性。①

　　例如在"溅出咖啡"这种事件中，如果某一行动者是有意溅出咖啡，那么"溅出咖啡"就是一个具有意向性的行动，但是如果行动者自以为溅出的是咖啡但却是茶的话，那么行动者就没有溅出茶的意向性。

　　因此，"一个人是某一事件的行动者当且仅当关于他所做行动的描述使得表述他有意所做行动的语句为真"②，而意向性本身无法保证这一点。

　　利用因果性理论解释主事性的学说也存在各种问题。这种学说认为主事性强调的是行动者和事件之间的二元关系，因此，如果能够借助于因果性理论刻画这种二元关系的话，那就能清楚地定义主事性。

---

① Davison, D., *Essays on Actions and Events*. Oxford：Clarendon Press. 1980.

② Ibid..

　　但是这一学说也遭到了戴维森等学者的反对，这是因为行动者与事件之间的关联性并不是单纯地使用因果性理论就能够刻画的，这其中还包含很多不受行动者控制的因素会与行动者的行动一起影响客观的事件。

　　因此，如同很多行动理论以及形而上学中的问题一样，给出我们的研究对象——主事性—— 一个得到学界广泛认同的定义，却成了最难的事情。但是这种困境在逻辑学中却也得到了一定的缓解。

　　我们所要介绍的 STIT 理论通过对个体行动的逻辑刻画以表现行动者和事件之间的主事性关系。STIT 理论借助逻辑学对语形和语义的区别分析，将对主事性的刻画和对主事性这一二元关系的解释分别放在语形和语义两部分中进行阐述。

　　STIT 是英文"see to it that"（即确保、确定）的缩写，该理论利用 STIT 语句来表达主事性，而这类语句的构成则包含三部分：首先是行动者；其次是事件；最后则是连接行动者和事件的二元模态算子 STIT。如果用"α"表示行动者，"Q"表示表达事件的语句，那么这类语句可表示为：［α STIT：Q］，即表示语句"α sees to it that Q"。

　　如"我确定我在跑步"这一语句中，就整个语句本身而言，其刻画的是一个事件，即我在跑步的这一事件，但是为了说明这一事件同时也是一个行动，我们就需要在对这一事件的刻画中体现主事性因素，因此 STIT 语句［我 STIT 我在跑步］就在语法层面体现出了主事性这一二元关系。

　　STIT 理论的语义解释建立在如下三个假定的基础上：

　　［1］我们的世界是不确定的。

　　STIT 理论假定我们所处的客观世界是非决定论式的。虽然我们的过往已经确定，但是未来的世界中却存在很多不同的可能性。

　　［2］行动者的行动或者选择可以对世界的未来状态加以限制。

　　由于行动者行动或者选择的作出，未来的世界状态会有所改变。例如，当我站在学校门口的时候，我可以选择向左走还是向右走，但是如果我在时间点 m 上选择了向右走，那么由于我向右走这一行动的作出，未来的世界中（即在时间点上晚于 m 的世界中）我在学校门口选择了向右走这个事实就会一直为真，即"我在 m 时在学校门口选择了向右走"，这一命题在所有晚于时间点 m 的时间点上都为真。

　　但是行动者的行动或者选择只会将未来的世界限制到一类可能性上。

例如，在我选择在学校门口向右走之后，我还会在教室门口选择是坐电梯上楼还是爬楼梯上楼，我还要选择在教学楼的哪个教室看书……因此，只要生命不终止，我就会不断面临不同的选择。这样说来，虽然我在 m 时在学校门口选择了向右走这一行动，而且之后的世界都要限制到"我在 m 时在学校门口选择了向右走"这一命题为真的状态下，但是我的选择并没有将未来的世界限制为一个决定论式的状态。由于我未来行动的不断作出，未来世界仍是不确定的。

　　[3] 在某一行动作出后，如果出现了与行动者无关的、必然为真的事件，那么该事件的出现并不能体现行动者的主事性。

　　例如，在某日清晨我选择去观日出，在我于时间点 m 上作出这一选择后，恰好太阳从东方升起了。在这种情况下，太阳从东方升起这个事实就与我的行动或者选择无关。因为行动者的行动并没有左右太阳从东方升起这一事件的真假。

　　在这三个假定的基础上，我们可以将 STIT 逻辑的语义解释规定如下：

　　在某一时间点 m 上 [α STIT：Q] 为真，当且仅当下面的两个条件被满足：

　　[1] 因为行动者 α 在时间点 m 上的选择，未来的世界被限制到确保 Q 为真的可能性集合上去。

　　[2] Q 不是必然为真的，即并非无论行动者 α 在时间点 m 上作何选择 Q 都为真。在时间点 m 上，即在作出选择的当下，存在 Q 为假的可能性。例如，如果我在时间点 m 上选择向左走，那么"我在 m 时在学校门口选择了向右走"这一命题就会为假。

　　可以说，STIT 理论对主事性的研究不但为主事性提供了严格的刻画方式，也为不同的主事性理论的进一步讨论或者应用提供了逻辑基础。

　　贝尔纳普（N. Belnap）借鉴了塞尔和万德维肯的以言行事行为理论，从行动理论的角度出发，借助 STIT 理论对以言行事行为进行了形式化处理，以期在这种形式化处理中体现主事性因素。①

　　在这篇论文中，贝尔纳普首先给出了以言行事行为的形式化表达式，

---

　　① Belnap, N., Double time references: Speech – act reports as modalities in an indeterministic setting, in *Advances in Modal Logic*, Wolter, F. Wansing, H. De Rijke, M. and Zakharyaschev, M. (eds.) Singapore: World Scientific, 2002.

然后给出以言行事行为语义解释，即双时间参数理论（double time refer-
ences theory）。

其将以言行事行为形式化为 Speech-act（t_1，t_2，'A'），其中 t_1 为说话
者变项，t_2 为听话者变项，A 为被说出的语句，Speech-act 可被视为一个
三元模态算子，而该形式化表达式就表示"t_1 向 t_2 作出了一个以言行事行
为，以确保语句 A 为真。"（t_1 makes an illocutionary act to t_2 to see to it that
'A' is true.）

这里需要指出的一点是，贝尔纳普将刻画以言行事行为的三元模态算
子表示为"Speech-act"是不恰当的。因为"speech act"是言语行为的英
文表达式，而以言行事行为的英文表达式为"illocutionary act"，因此下文
中以言行事行为的形式化表达式将被修改为：Illocutionary-act（t_1，t_2，
'A'）。除三元模态算子的形式刻画改变为"Illocutionary-act"外，其他
部分不变。

在此基础上，贝尔纳普将自己的双时间参数理论构建在如下假设或理
论的基础上：

［1］我们所处的客观世界是不确定的。

贝尔纳普将自己的双时间参数理论纳入非决定论的阵营中，并坚持认
为由于主事性因素在客观世界中的真实存在以及主事性因素与决定论的不
相容，我们的客观世界只能是不确定的。

［2］以言行事行为是由说话者和听话者所构成的一种群体行动。

在以言行事行为中，说话者说出话语，而听话者则聆听说话者所说出
的话语，因此以言行事行为是由说话者和听话者各自的行动所构成的群体
行动。在这一群体行动的构建中我们要注意如下两点：

第一，当某一以言行事行为中的说话者和听话者是同一人时，我们认
为在这种情况下，说话者等于听话者，且说话者（听话者）同时作出了
说和听这两个行动。

第二，以言行事行为是一种特殊的群体行动，即以言行事行为不但像
一般的群体行动那样涉及是否被成功作出的问题，还涉及是否被满足的
问题。

万德维肯认为，作为一种特殊类型的行动，以言行事行为的作出涉及

到是否成功的问题，但是以言行事行为是"指向事态或客观对象的"①，因此，即使以言行事行为被成功作出，但"如果世界的客观状况并未满足它们的命题内容的话，它们也会面临不被满足的情况"。

因此，在双时间参数理论中，贝尔纳普就以万德维肯的理论为基础，力图给出成功的以言行事行为以及被满足的以言行事行为的语义解释。

万德维肯在其语力系统的构建中分析了语境因素的构成要素，并将语境因素作为对以言行事行为进行真值赋值时的重要参数加以利用。在这一点上贝尔纳普继承了万德维肯的做法。其在对成功的以言行事行为进行解释时，就使用了如下的这几个参数：

[1] 语境中的说话者（the speaker of the context），可用 a_1 表示

[2] 语境中的听话者（the audience of the context），可用 a_2 表示

[3] 语境所处的时间点（the moment of the context），可用 m_c 表示

[4] 话语被说出的时间点（the moment of the utterance），可用 m 表示

之所以要在语境参数中区分语境所处的时间点和话语被说出的时间点，是因为以言行事行为中的话语可能是在说话者在作出以言行事行为的当下才说出的，也可能是说话者转述的别人已经说出的话语，因此，在第一种情况下，语境所处的时间点和话语被说出的时间点是相同的，但是在第二种情况下，语境所处的时间点晚于话语被说出的时间点。

例如，A 对 B 说："C 曾对 D 说过要去 D 的家接他。"在这一话语中出现了被转述的语句："C 曾对 D 说过要去 D 的家接他。"因此在这一以言行事行为中就出现了语境所处的时间点就晚于话语被说出的时间点的情况，即 A 对 B 说话的时间点是语境所处的时间点，而 C 对 D 说话的时间点则是话语被说出的时间点。但是如果 A 对 B 说"我去你家接你"，那么在这种情况下，语境所处的时间点和话语被说出的时间点就是相同的。

在此基础上，如果令 Illocutionary-act（t_1, t_2, 'A'）表示任一以言行事行为，那么在参数序列⟨a_1, a_2, m_c, m⟩②下该以言行事行为是被成功作出的，当且仅当下面的条件被满足：

---

① Vanderveken, D. *Meaning and Speech Acts I: Principles of Language Use*[2n], New York: Cambridge University Press. 2009.

② 该序列表示由语境中的说话者 a_1、语境中的听话者 a_2、语境所处的时间点 m_c 以及话语被说出的时间点 m 这四个参数所刻画的语境。

在该参数所刻画的语境中 ［｛t_1，t_2｝STIT：Illocutionary-act（t_1，t_2，'A'）］为真。

而在该参数序列（〈a_1，a_2，m_c，m〉）所刻画的语境中 ［｛t_1，t_2｝STIT：Illocutionary-act（t_1，t_2，'A'）］为真则当且仅当下面的两个条件被满足：

［1］在参数序列〈a_1，a_2，m_c，m〉所刻画的语境中，因为说话者 t_1 和听话者 t_2 的选择，未来的世界被限制到确保 Illocutionary-act（t_1，t_2，'A'）这一命题为真的可能性集合上去。

［2］Illocutionary-act（t_1，t_2，'A'）不是必然为真的，而是由说话者 t_1 和听话者 t_2 在参数序列〈a_1，a_2，m_c，m〉所刻画的语境中所作出的选择才导致的。

如上给出的便是成功的以言行事行为的语义解释，而为了给出被满足的以言行事行为语义解释，贝尔纳普首先将语境参数中话语被说出的时间点 m 替换为了评价时间点 m'。

之所以做这样的替换是因为，要评价一个以言行事行为是否被满足就是要看说话者和听话者是否保证了该以言行事行为中的命题内容为真。而该命题内容可能在以言行事行为被作出之前就已经为真，如命题内容为被转述的内容的情况；也可能在以言行事行为作出的当下才为真，如某些陈述当下事实的断定式以言行事行为；甚至可能在以言行事行为被作出之后的某个时间上才为真，如许诺去做某事的以言行事行为。因此贝尔纳普选取了一个晚于语境所处时间点 m_c 的评价时间点 m'，在这一点上，当我们回顾已经发生的事态或者客观事实的时候，只要能够说："看，命题内容为真。"那么包含这一命题内容的以言行事行为就是一个被满足的以言行事性为。

因此，我们可以更精确地说，如果令 Illocutionary-act（t_1，t_2，'A'）表示任一以言行事行为，那么在参数序列〈a_1，a_2，m_c，m'〉下该以言行事行为是被满足的以言行事行为，当且仅当下面的条件被满足，即在时间点 m' 上 A 为真。

在双时间参数理论中，贝尔纳普利用 STIT 理论来刻画以言行事行为以及其中的主事性因素。该理论给出了以言行事行为，特别是成功的以言行事行为以及被满足的以言行事行为的语法刻画以及语义解释。

贝尔纳普利用双时间参数理论简单讨论了成功的以言行事行为以及被

满足的以言行事行为的语义解释条件，但是这一理论还存在如下的一个问题，即该理论在语境参数中忽略了地点参数。

按照塞尔和万德维肯的理论，语境因素对于以言行事行为的解释和说明具有重要的影响作用，因此如果要构建以言行事行为的语义解释，那就必须要刻画语境因素并明确语境因素的构成要素，以进一步确定这些不同的语境构成部分对以言行事行为语义解释的影响。

针对如何确定语境因素不同构成部分的这一问题，塞尔和万德维肯都采用了卡普兰（D. Kaplan）的理论，认为从语义的角度出发，在某一语义解释下，某种可能的语境由如下六个不同的部分构成：［1］说话者；［2］听话者；［3］由话语所构成的有限集；［4］时间；［5］地点；［6］涉及说话者、听话者、时间、地点以及所说出话语的其他一些相关因素。

在以言行事行为理论的构建中，塞尔和万德维肯在语义解释部分省略了卡普兰所定义的第（iii）条和第（vi）条，但对其他条件都未做太大的修改。而贝尔纳普的双时间参数理论虽继承了塞尔和万德维肯的做法，但在对语境构成因素的刻画上却省略了地点参数。①

地点参数对于被成功作出的以言行事行为的刻画是极其重要的，例如，A 在上海，B 在北京，当 A 对 B 说"我十分钟后到你家"时，这就是一个没有被成功作出的以言行事行为，因为以言行事行为的命题内容不可能为真，说话者至少缺乏许诺的真诚条件；而当 A 和 B 都住在北京的某一小区时，这就（很可能）是一个被成功作出的以言行事行为。

因此，在对成功的以言行事行为进行语义解释时，我们需要添加地点参数以刻画语境因素。而根据双时间参数理论，在对以言行事行为是否被成功作出的判定中，语境因素有下面的四个因素构成：语境中的说话者 a_1；语境中的听话者 a_2；语境所处的时间点 m_c 以及话语被说出的时间点 m。而我所要做的就是在被如上四个参数所刻画的语境中增加下面的两个参数：语境中说话者所处的地点 d_{a1} 以及语境中听话者所处的地点 d_{a2}。

当说话者和听话者所处地点相同，或者极其相近以至于可以忽略其地

---

① 贝尔纳普构建双时间参数理论的基础是分支时间逻辑，即认为世界是一棵向上不断延伸的分枝树，而分支时间逻辑上是无法刻画地点参数的，因此可以说贝尔纳普对地点参数的省略也是不得已而为之。但是对于这一点的阐述涉及过多逻辑专技的内容，在本书中将不再多谈，有兴趣的读者可参见下面的专著：Belnap, N. and Perloff, M. and Xu, M. *Facing the Future*：*Agents and Choices in Our Indeterminist World*. New York：Oxford University Press. 2001.

点上的差异时，$d_{a1} = d_{a2}$；而当说话者和听话者所处地点不同时，$d_{a1} \neq d_{a2}$。因此，我们可以将贝尔纳普所给出的成功以言行事行为的语义解释修改为：

如果令 Illocutionary-act（t_1，t_2，'A'）表示任一以言行事行为，那么在参数序列$\langle a_1，a_2，m_c，m，d_{a1}，d_{a2} \rangle$下该以言行事行为是被成功作出的以言行事行为，当且仅当下面的条件被满足：即在该参数所刻画的语境中 ［$\{t_1，t_2\}$ STIT：Illocutionary-act（t_1，t_2，'A'）］为真。

而在该参数（$\langle a_1，a_2，m_c，m，d_{a1}，d_{a2} \rangle$）所刻画的语境中 ［$\{t_1，t_2\}$ STIT：Illocutionary-act（t_1，t_2，'A'）］为真则当且仅当下面的两个条件被满足：

［1］因为说话者 t_1 和听话者 t_2 在参数序列$\langle a_1，a_2，m_c，m，d_{a1}，d_{a2} \rangle$所刻画的语境中的选择，未来的世界被限制到确保 Illocutionary-act（t_1，t_2，'A'）这一命题为真的可能性集合上去。

［2］Illocutionary-act（t_1，t_2，'A'）不是必然为真的，而是由说话者 t_1 和听话者 t_2 在参数序列$\langle a_1，a_2，m_c，m，d_{a1}，d_{a2} \rangle$所刻画的语境中所作出的选择才导致的。

对被满足的以言行事行为进行语义解释时，我们同样将在语义参数序列中增加地点参数，这样做的理由是，现代社会中以言行事行为越趋复杂，这种复杂化不但表现在说话者和听话者人数的不断增加上，还表现在不同说话者和不同听话者所处地点的繁杂上。例如国际合作，在国际合作中不但构成说话者、听话者的人数繁多而且说话者、听话者所处地点也不相同。在这种情况下，对以言行事行为进行评价的地点也很可能不同于说话者和听话者所处的任何地点。例如，说话者处于 A 国，听话者处于 B 国，而为公平起见，评价以言行事行为是否被满足的人则处于不同于 A 和 B 的第三国，C 国。

因此，在评价以言行事行为的参数序列$\langle a_1，a_2，m_c，m' \rangle$中，我们将增加另一评价地点参数，即 d_e。而双时间参数理论中对被满足的以言行事行为的语义解释则可被修正为：

如果令 Illocutionary-act（t_1，t_2，'A'）表示任一以言行事行为，那么在参数序列$\langle a_1，a_2，m_c，m'，d_e \rangle$下该以言行事行为是被满足的以言行事行为，当且仅当下面的条件被满足，即在时间点 m' 以及地点 d_e 上 A 为真。

如上所述，双时间参数理论仅是使用 STIT 理论刻画以言行事行为以及其中主事性的初始工作，而我所做的修正也是围绕着这一初始工作展开的，因此还有很多有待进一步完善或解决的问题，在本小节的最后，我将待解决问题以及进一步工作总结如下：

[1] 按照塞尔的划分，以言行事行为可分为如下的五类：断定式（assertives）、指令式（directives）、承诺式（commissives）、表情式（expressives）和宣告式（declaratives）。每一类以言行事行为都有自身不同于其他的特点，因此在已有理论的基础上，我们可以将理论进一步细化，以处理不同类型的以言行事行为。

[2] 我们所介绍的 STIT 理论对主事性的处理，仅是一种而已，实际上 STIT 理论是一类理论的统称，这类理论中存在着很多不同的刻画主事性的方法，因此我们可以进一步探索使用其他 STIT 理论中的刻画方法刻画主事性的途径，并比较这些不同方法在处理以言行事行为时都有哪些优缺点。

[3] 贝尔纳普本人曾试图在分支时空（Branching Space-times）理论的基础上探讨主事性以及以言行事行为刻画的问题，这方面的研究也尚处于起步阶段，有很多值得进一步挖掘的问题。

8.2.2　STIT 逻辑对合作原则的改写

格赖斯（H. P. Grice）认为，为了说明人们在交谈过程中怎样相互合作以及如何理解表达者的话语意图，单纯的逻辑工具是不够的。因此，他使用会话隐含（conversational implicature）这一概念以刻画那些从一个语句中可得到的非逻辑后承。如果说逻辑后承指的是在任何一种解释（逻辑模型）下，如果前提为真那么结论也为真的话，那么非逻辑后承就是指那些不能体现出严格逻辑后承关系的情况。但是这种非逻辑后承并不是任意得到的，在得到一句话的会话隐含的过程中，我们的推导还要受到合作原则（the principle of cooperation）的约束。

格赖斯认为会话隐含作为一句话（或者几句话）的非逻辑后承，在被得出的过程中一定遵守了某种规则。他在论文"Logic and Conversation"（1975）中指出：

　　会话（一般来说）具有如下特征，即会话者至少在某种程度上是具有合作的意图，并且会话中的每一个参加者都在某种程度上认识到（该会话具有）一个或一集会话目的，或者至少是一个共同可接受的（会话）方向。这个目标或者方向也许是在一开始就确定好的（例如，在一开始的讨论中就提出一个问题），或者是在交流中逐渐形成的；其可能是非常确定的，也可以是未被确定以为参与者留下足够大的考量空间。但是在每一阶段，某些可能的会话转变都会被排除，就因为这些转变是在这个会话中不适当的。

由此可见，格赖斯认为会话交际至少要遵守如下基本原则：

[1] 会话的参加者要具有"合作意图"。

[2] 会话要具有会话目的或者方向。

作为会话交际中重要构成部分的会话隐含当然也要遵守如上所述的原则。正是在这两个基本原则的基础上，格赖斯构建了约束会话交际，特别是会话隐含的合作原则。

格赖斯首先说明，如果我们认为"像合作原则这样的普遍原则是可接受的"① 这一假定为真的话，那么合作原则就可被划分为四个规则，其中每一规则下面又可被进一步细分为不同的子规则。虽然这些子规则所述不同，但受其制约而得到的（会话）结果却都是与合作原则相一致。

这四个规则及其子规则分别是：

[1] 量的规则（the category of quantity）

量的规则要求会话参与者在会话过程中要提供一定数量的信息量，这种信息量既不必太多，也不能太少，具体说来，就是要满足下面的两条子规则：

（i）要提供（满足当下交流这一目的）所要求的足够多的信息量；

（ii）提供的信息量不要超过（满足当下交流这一目的）所要求的标准。

这两条子规则中，最具争议的是第二条。这是因为，有的学者认为违反这条子规则只意味着在会话的过程中浪费了时间而未违反合作原则；而有的学者则认为违反了第二条子规则会使会话中的听话者产生迷惑，以至于不能把握会话的方向。因此，对于第二条子规则的存留是值得商榷的。

---

① Grice, H. P. Logic and Conversation, in Cole, P. and Morgan, J.（eds）*Syntax and Semantics 3：Speech acts*, New York：Academic Press, 1975.

〔2〕质的规则（the category of quality）

质的规则要求会话参与者在会话中提供的信息都是真的。具体来说，质的规则又可被划分为如下的两条子规则：

（ⅰ）不说你相信为假的（事情）；

（ⅱ）不说你缺少足够证据支持的（事情）。

〔3〕关系规则（the category of relation）

在关系规则中，格赖斯仅要求"要有关联性（Be relevant）"这一点。这一规定看似简练，但是其背后隐藏的问题却很多，比如说，如何区分和定义会话中的相关性的问题、如何解释会话中话题转变这一现象中体现出的关联性问题，等等。

〔4〕方式规则（the category of manner）

在方式规则中，格赖斯所规范的不再是会话中说什么的问题，而是怎么说的问题，即其要求在会话中的交谈要明白易懂，具体来说，方式规则可被划分为如下四条子规则：

（ⅰ）避免表达的晦涩性；

（ⅱ）避免（表达的）歧义性；

（ⅲ）（表达要）具有简洁性（避免不必要的繁冗）；

（ⅳ）（表达要）具有条理性。

关于这四条规则，我们要注意的有如下的这几点：

第一，这四条规则，以及其各自的子规则在会话过程中的重要程度是不同的。

例如，在一般的会话过程中，遵守质的规则的第一条子规则会比遵守规则中的第三条子规则更重要。

第二，这些规则和子规则并没有穷尽合作原则的所有要求，有时甚至是与一些情景下的会话合作要求相矛盾的。

例如，在猜谜的情况下，量的规则的第一条就不再被需要。

第三，在会话中这些规则相互制约、相互作用，因此这些规则本身就是相互联系在一起起作用的。

例如，在会话中，当我们审视量的规则的第二条是否被满足的时候，就是在关系规则的约束下进行的，即会话提供的信息要与会话的方向相关联，无关的信息不要涉及。

　　盖默特（L. T. F. Gamut）[①] 于 1991 年在其专著 *Logic, Language, and Meaning*（*Volume I*）: *Introduction to Logic* 中给出合作原则的一个较为形式化的改写方案，这一方案中所讨论的合作原则被限制到了"作出陈述"这一种言语行为上。因此，格赖斯合作原则中的几条规则被"改写为陈述能被准确作出的条件"[②]。

　　在一个会话中，如果用 S 表示说话者；L 表示听话者；A 表示会话中被说出的语句；那么，为了作出一个陈述，S 在 L 的面前准确使用了语句 A，当且仅当下面的四个条件被满足：

　　[1] S 相信 A 为真；

　　[2] S 相信 L 不相信 A 为真；

　　[3] S 相信 A 是与会话的主题相关联的；

　　[4] 对于所有能使 A 成为一个逻辑后承（logical consequence）的语句 B（B 不等于 A）而言，条件（1）～（3）对于 B 并不都成立。

　　在上文所述的这一改写方案中，为了简单易用，方式规则被省略了。而其中的四个条件与合作原则中规则的对应关系如下：

　　条件（1）与质的规则相对应；条件（2）与量的规则的第二个子规则相对应；条件（3）与关系规则相对应；条件（4）与量的规则的第一个子规则相对应。

　　这一改写方案虽然有些过于严格，但是相较格赖斯的版本而言，在推导一句话的会话隐含的过程中却更为清楚、实用且较全面地说明了合作原则中的几条规则。在 *Logic, Language, and Meaning*（*Volume I*）: *Introduction to Logic* 一书中，盖默特更在这一改写规则的基础上给出了会话隐含的定义：

　　　　语句 B 是语句 A 的会话隐含，当且仅当 B 是 A 能被准确说出的那些条件的逻辑后承。

---

　　① 盖默特（L. T. F. Gamut）是下面几位学者所共用的笔名：约翰·范·本瑟姆（John van Benthem）、胡能迪克（Jeroen Groenendijk）、德漾（Dick de Jongh）和斯托克霍夫（Martin Stokhof）以及亨克·维库尔（Henk Verkuyl）。

　　② Gamut, L. T. F. Logic, Language, and *Meaning*（*Volume I*）: *Introduction to Logic*, Chicago and London: the University of Chicago Press, 1991.

相较于格赖斯对合作原则的描述，盖默特的改写方案具有可操作性更强、更为精确的特点。但由于过度强调合作原则中的认知因素，也导致了这一改写方案忽视了言语行为这一合作原则刻画对象的行动性。格赖斯在其对合作原则的描述中一直强调"说"这一行动与话语中所表达出的认知因素之间的关系，但是盖默特的方案中却只保留了"相信"这一认知因素而没有刻画"说"这一言语行为，这也导致了其形式化改写方案对合作原则刻画的不精确性。

在 STIT 理论中，对于行动以及行动中主事性（agency）因素的不同理解则体现在对"STIT"算子的不同理解以及解释当中。本书中将使用的是"DSTIT"这一算子。在给出这一算子的语义解释之前，我们首先给出一些相关的定义。

定义 8.2.2.1（分支时间框架）一个分支时间框架 F_{BT} 为一个二元组 $<Tree, <\ >$，其中 Tree 是一个非空的时间点集合；而 < 则是集合 Tree 上传递、禁自返、非对称的树状序，即对集合 Tree 中的任意时间点 m_1、m_2、m_3 下面的 4 个条件都会被满足：

［1］传递：如果 $m_1 < m_2$ 且 $m_2 < m_3$，那么 $m_1 < m_3$；

［2］禁自返：$m_1 \not< m_1$；

［3］非对称：如果 $m_1 < m_2$，那么 $m_2 \not< m_1$；

［4］树状：如果 $m_1 < m_3$ 且 $m_2 < m_3$，那么 $m_1 = m_2$ 或者 $m_1 < m_2$ 或者 $m_2 < m_1$。

定义 8.2.2.2（历史）一个时间点集合 h 称为集合 Tree 上的一支历史，当且仅当下面的三个条件被满足：

［1］对于 h 中的任意时间点 m_1、m_2，$m_1 = m_2$ 或者 $m_1 < m_2$ 或者 $m_2 < m_1$；

［2］$h \subset Tree$；

［3］不存在集合 g，使得 $h \subset g$ 是一支历史。

如果 m_1 是任一时间点，h 是时间树上的一支历史，那么 $m_1 \in h$ 可用来表示历史 h 经过时间点 m_1，或者时间点 m_1 出现在了历史 h 的进程上。因为分支时间代表了未来的不确定性，所以某一时间点可能会出现在多于一支的不同历史上，而 $H_m = \{h : m \in h\}$ 就表示包含时间点 m 的历史的集合。

定义 8.2.2.3（分支时间模型）一个分支时间模型 M_{BT} 为一个二元组

< F, v >，其中 F_{BT} = < Tree, < >是一个分支时间框架，而 v 则是赋值函数。

定义 8.2.2.4（赋值规则）如果 m／h 是一个参数组合，v 为分支时间模型 M 上的赋值函数，那么

［1］M_{BT}, m／h ⊨ A 且 A 为一原子公式当且仅当 m／h ∈ v（A）

［2］M_{BT}, m／h ⊨ A∧B 当且仅当 M_{BT}, m／h ⊨ A 且 M_{BT}, m／h ⊨ B

［3］M_{BT}, m／h ⊨ ⌐A 当且仅当 M_{BT}, m／h ⊭ A

［4］M_{BT}, m／h ⊨ PA 当且仅当存在时间点 m′ ∈ h 使得 m′ < m 且 M_{BT}, m′／h ⊨ A

［5］M_{BT}, m／h ⊨ FA 当且仅当存在时间点 m′ ∈ h 使得 m < m′ 且 M_{BT}, m′／h ⊨ A

除此之外，利用这种赋值函数还能定义"确定"（Settle）这一算子，即 M, m／h ⊨ Sett：A 当且仅当对于所有的 h′ ∈ $H_{(m)}$, M_{BT}, m／h′ ⊨ A。

定义 8.2.2.5（∣A∣$_m^M$）如果令 m 为一分支时间模型 M_{BT} 中的时间点，h 为模型 M_{BT} 中的一支历史，则集合∣A∣$_m^M$ 表示一个历史的集合，且该集合中的历史满足如下的两个条件：

［1］M_{BT}, m／h ⊨ A

［2］h ∈ H_m

定义 8.2.2.6（Agent／Choice）集合 Agent 是所有行动者的集合，而函数 Choice 则将行动者 α 和时间点 m 映射到历史集 H_m 上的一个划分上去。而函数 $Choice_m^α$ 就表示行动者 α 在时间点 m 上会面对的几个平行的选择单元（choice cells）。

定义 8.2.2.7（$Choice_m^α$（h））$Choice_m^α$（h）表示函数 $Choice_m^α$ 所表示的划分中的一个元素，且该元素包含历史 h。

定义 8.2.2.8（DSTIT 的框架和模型［a］）DSTIT 的框架 F_{DSTIT} 是一个四元组 < Tree, <, Agent, Choice >，而 STIT 模型 M_{DSTIT} 则是五元组 < Tree, <, Agent, Choice, V >。

定义 8.2.2.9 M_{DSTIT}, m／h ⊨ ［α DSTIT：Q］当且仅当下面的两个条件被满足：

［1］对于所有的历史支 h′，如果 h′ ∈ $Choice_m^α$（h），M_{DSTIT}, m／h′ ⊨ Q；

［2］存在历史支 h″，h″ ∈ $H_{(m)}$，使得 M_{DSTIT}, m／h″ ⊭ Q。

如果将合作原则限制到作出陈述句这一情况下的话,那么可以将"说话"表示为:speech-act(S,L,A)这一形式,其中S表示说话者;L表示听话者;A表示陈述语句。而合作原则可被改写为下面的这一形式:

定义8.2.2.10(STIT理论对合作原则的改写)

speech-act(S,L,A)是一个成功的(successful)言语行为,即S向L作出了A这一恰当陈述,当且仅当下面的几个条件被满足:

[1]S的意识活动(即S相信A为真)确定(sees to it that)S向L作出A这一陈述。

[2]S相信L不相信A为真。

[3]S相信A是与谈话的主题相关的。

[4]对于所有那些使得A是其逻辑后承的语句B(A≠B)而言,条件[1]~[3]并不对B都成立。

为了更加符合格赖斯所创立的合作原则的主要内容,我们将DSTIT这一算子的语义解释修改如下:

定义8.2.2.11(DSTIT的框架和模型[b])DSTIT的框架F'_{DSTIT}是一个n元组<Tree,<,Agent,Choice,SC,R,W>,而STIT模型M'_{DSTIT}则是n+1元组<Tree,<,Agent,Choice,SC,W,R,V>。其中SC表示由于谈话主题相关的语句所构成的集合,W表示$W_{m|h}$的并,即所有的时间点m以及历史h的组合都对应着一个认知世界中的可能世界,而R则是不同可能世界之间的可通达关系。

定义8.2.2.12(与STIT改写方案对应的语义解释)M'_{DSTIT},$W_{m|h}$,m/h$\models$speech-act(S,L,A)当且仅当下面的条件被满足:

[1]M'_{DSTIT},$W_{m|h}$,m/h$\models$[E_SDSTIT:speech-act(S,L,A)]当且仅当

(i)$E_S \in W_{m|h}$

(ii)M'_{DSTIT},$W_{m|h}$,m/h$\models \neg$Sett:speech-act(S,L,A)

(iii)For all $h' \in$ Choice{S,L}$\times$m(h),M'_{DSTIT},$W_{m|h'}$,m/h'$\models$speech-act(S,L,A)

[2]M'_{DSTIT},$W_{m|h}$,m/h$\models$Believe$_S \neg$Believe$_L$A

[3]A$\in$SC

[4]对于任意B,如果M'_{DSTIT},$W_{m|h}$,m/h$\models$B→A,那么[1]~[3]并不对B都成立。

　　对于合作原则的刻画而言，由于形式化方案更注重精确性的要求，所以忽略了合作原则的一些难以解释的因素，比如相关性问题。而相关性问题恰是当下语用学界所讨论的重要对象，因此如何对相关性进行进一步细致刻画就是一个十分重要的问题有待于我们解决。

结　语

本书中，我们通过汉语反身代词的回指照应这一语言学中的问题，将范畴类型逻辑中的三个最主要的类别，即传统的范畴类型逻辑、多模态的范畴类型逻辑以及对称范畴语法进行了一个较为全面的梳理，并结合我们所要解决的问题分别给出了系统（Bi）LLC、MMLLC 和 LG$_{dis}$。

在范畴类型逻辑的领域中，很多文献专门讨论这三类范畴类型逻辑在表达力上的区别和联系，但是却很少有文献是从具体的语言学问题出发，通过实实在在的语言学实例来讨论这三者之间的关联性的。所以，本书致力于弥补这一缺陷，以汉语反身代词回指照应这一问题作为出发点，说明三类不同的范畴类型逻辑在处理语言学问题以及表达力上的区别和联系。

范畴类型逻辑是语言逻辑中逻辑意味较为浓重的一个分支，其力图使用逻辑甚至数学的方法来处理语言学中的问题。所以用三类不同的范畴类型逻辑来处理汉语反身代词回指照应问题的这一思路，也有利于对这一问题进行深入的挖掘和分析，而不会使得研究局限在那种流于表面的或用现象解释现象的处理方式上。

在本书最后一章中，我们列举了利用其他逻辑分支处理自然语言问题的成果，通过这些成果可以看出，逻辑学中对自然语言问题的处理存在两种路径，分别是：

[1] 以逻辑学为主，用逻辑学中的思路和方法来解决语言学问题。这一路径本质上是一种逻辑应用。

[2] 以语言学为主，通过审视语言学问题的特点来构建逻辑上的处理方案。

第 8 章中的处理方案属于路径[1]；而范畴类型逻辑则属于路径[2]。因此，可以说，范畴类型逻辑做到了真正的逻辑学与语言学的交叉、融合，而不仅仅是一种逻辑应用。

参考文献

中文参考文献

［1］程工：《生成语法对汉语"自己"一词的研究》，《国外语言学》1994 年第 1 期。

［2］冯志伟、胡凤国：《数理语言学》，商务印书馆 2012 年版。

［3］韩玉国：《范畴语法与汉语非连续结构研究》，北京语言大学博士学位论文，2005 年。

［4］满海霞：《汉语照应省略的类型逻辑研究》，中国社会科学院研究生院博士学位论文，2011 年。

［5］石定栩：《乔姆斯基的形式句法——历史进程与最新理论》，北京语言大学出版社 2002 年版。

［6］徐烈炯：《生成语法理论：标准理论到最简方案》，上海教育出版社 2009 年版。

［7］张璐：《汉语形名结构的范畴语法系统》，中国社会科学院研究生院博士学位论文，2013 年。

英文参考文献

［1］Abrusci Vito M. . Phase Semantics and Sequent Calculus for Pure Noncommutative Classical Linear Propositional Logic. *Journal of Symbolic Logic.* 1991（56）：1403 – 1451.

［2］Barss, A. and Lasnik, H. . A Note on Anaphora and Double Objects. *Linguistic Inquiry.* 1986（17）：347 – 354.

［3］Chomsky, N. . Lectures on Government and Binding. Foris：Dordrecht. 1981.

［4］——. Formal Properties of Grammars. In Luce, R. Duncan, Bush, Robert R. , and Galanter, Eugene editors. *Handbook of Mathematical Psychol-*

ogy. volume 2. pages 323 – 418. New York: Wiley. 1963.

[5] Curien, P. , Herbelin, H. . Duality of Computation. In *International conference on functional programming* (ICFP'00) (pp. 233 – 243) (2005: corrected version) .

[6] Curry, H. and Feys, R. . *Combinatory Logic.* volume I. Amsterdam: North Holland. 1958.

[7] Dossen, K. . A Brief Survey of Frames for the Lambek Calculus. *Zeitschrift für Mathematische Logik und Grundlagen der Mathematik.* 1992 (38): 179 – 187.

[8] Gawron, Jean Mark and Peters, S. . *Anaphora and Quantification in Situation Semantics.* Stanford: GSLI. 1990.

[9] Grishin V. N. . On a Generalization of the Ajdukiewicz – Lambek System. In A. I. Mikhailov. editor. *Studies in Nonclassical Logics and Formal Systems.* pages 315 – 334. Nauka, Moscow, 1983. [English translation in Abrusci and Casadio (eds.) Proceedings 5'h Roma Workshop, Bulzoni Editore, Roma, 2002]

[10] Hepple, M. . Command and Domain Constraint in a Categorial Theory of Binding. In Dekker, Paul and Stokhof, Martin (eds.) *Proceedings of the Eighth Amsterdam Colloquium.* University of Amsterdam. 1992.

[11] Huang, Cheng – Teh James and C. – C. Jane Tang. The Local Nature of the Long – distance Reflexive in Chinese. In Jan Koster and Eric Reuland (eds.) *Long – distance Anaphora.* Cambridge: Cambridge University Press. 1991.

[12] Jacobson, P. . Towards a Variable – free Semantics. *Linguistics and Philosophy.* (1999) 22: 117 – 184.

[13] ——. Paycheck pronouns, Bach – Peters sentences, and variable – free semantics. *Natural Language Semantics.* 2000 (8): 77 – 155.

[14] Jäger, G. . *Anaphora and Type Logical Crammar.* Netherland: Springer. 2005.

[15] Kayne, R. . *The Antisymmetry of Syntax.* Cambridge: MIT Press. 1994.

[16] Kurtonina, N. and Moortgat, M. . *Relational Semantics for the Lambek – Grishin Calculus.* In MOL 10/11. Selected papers from the 10th and 11th

Mathematics of Language Meetings. Los Angeles 2007. Bielefeld 2009. edited by Christian Ebert, Gerhard Jäger, and Jens Michaelis, LNCS, vol. 6149. 210 – 222. Heidelberg: Springer. 2010.

[17] Lambek, J.. The Mathematics of Sentence Structure. *American Mathematical Monthly*. 1958 (65): 154 – 170.

[18] Moortgat, M.. Generalized quantification and discontinuous type constructors. In Sijtsma, Wietske and von Horck, Arthur, (eds.) *Discontinuous Constituency*. De Gruyter, Berlin. 1996.

[19] ——. Multimodal Linguistic Inference. *Logic Journal of IGPL*. 1995 (3): 371 – 401.

[20] ——. Symmetric Categorical Grammar. *JPL*. 2009 (38): 681 – 710.

[21] ——. Symmetric Categorical Grammar: Residuation and Galois Connections. *Linguistic Analysis*. Special issue dedicated to J. Lambek. 2010. CoRR 1008. 0170.

[22] Morrill, G.. *Type Logical Grammar: Categorical Logic of Signs*. Dordrecht: Kluwer Academic Publishers. 1994.

[23] Parigot M.. $\lambda\mu$ – Calculus: An Algorithmic Interpretation of Classical Natural Deduction. *Lecture Notes in Computer Science*. vol. 624. 190 – 201. 1992.

[24] Partee, H. ter Meulen, A. and Robert E. Wall. *Mathematical Method in Linguistics* (语言学中的数学方法). 北京: 世界图书出版公司. 2009

[25] Pesetsky, D.. *Zero Syntax: Experiencers and Cascades*. Cambridge: MIT Press. 1995.

[26] Reinhart, T.. *The Syntactic Domain of Anaphora*. PhD thesis. Cambridge: MIT. 1976.

[27] van Benthem, J. and ter Meulen, A. (eds.) *Handbook of Logic and Language*. Amsterdam: Elsevier, 2011.

后 记

这本书是在我的博士后出站报告基础上写成的。由于时间有限，所以内容上还多有不足，希望大家能够多提宝贵意见。

语言逻辑作为语言学与逻辑学、计算机科学等学科的交叉学科，具有涉及学科众多、知识零散繁多的特点。要做好语言逻辑既需要良好的语言学基础，也需要熟练地使用逻辑学、计算机科学中的工具来对语言现象进行分析和说明。由于我国语言逻辑的发展与国外语言逻辑的发展相比尚存在一定的差距，所以更需要越来越多的学者投入到语言逻辑的研究中来以壮大语言逻辑的研究队伍、提高语言逻辑的研究水平。在这一点上，希望这本书能够起到一个抛砖引玉的作用，让更多人对语言逻辑感兴趣。